To our dear friend
and historian of
civil engineering profession
Neal FitzSimons

from Mario Heinli

Freddie Ehrlich.

Joe Benini

Werner Blaser

SCHWEIZER HOLZBRÜCKEN

Ponts de Bois en Suisse
Wooden Bridges in Switzerland

Mit einer Einführung von Othmar Birkner

Birkhäuser Verlag
Basel · Boston · Stuttgart

CIP-Kurztitelaufnahme der Deutschen Bibliothek

Blaser, Werner:
Schweizer Holzbrücken = Ponts de Bois en Suisse /
Werner Blaser. Mit e. Einf. von Othmar Birkner.
[Trad. française: Michèle Zaugg. Engl. version:
D.Q. Stephenson]. — Basel ; Boston ; Stuttgart :
Birkhäuser, 1982.
ISBN 3-7643-1334-X

Library of Congress Cataloging in Publication Data

Blaser, Werner, 1924—
Schweizer Holzbrücken = Ponts de Bois en Suisse =
Wooden Bridges in Switzerland.
1. Bridges, Wooden——Switzerland——History. I. Title.
II. Title: Ponts de Bois en Suisse. III. Title:
Wooden Bridges in Switzerland.
TG365.B53 1982 624'.2 82-14596
ISBN 3-7643-1334-X

Umschlag- und Buchgestaltung: Albert Gomm
Photographien: Werner Blaser
Traduction française: Michèle Zaugg
English version: D.Q. Stephenson
Printed in Switzerland by Birkhäuser AG,
Graphisches Unternehmen, Basel

ISBN 3-7643-1334-X

Inhaltsverzeichnis

9		Präsenz der Vergangenheit
12–48		Othmar Birkner, Zur Geschichte des Holzbrückenbaus: Stellung des Zimmermanns und seines Handwerks, Konstruktionsarten, Entstehung einer Brücke
49–177		Erhaltene und noch im Gebrauch befindliche gedeckte Holzbrücken
52–69		**Zentralschweiz**
53–57	Reuss	Kapellbrücke in Luzern, um 1300
58–63	Reuss	Spreuerbrücke in Luzern, um 1400
64–69	Reuss	Bremgarten AG, 1549
70–101		**Ostschweiz**
71–73	Glatt	Rümlangbrücke bei Oberglatt ZH, 1766/67 (Johannes Grubenmann)
74–78	Urnäsch	Hundwilertobel AR, 1778 (Hans Ulrich Grubenmann)
79–80	Urnäsch	Kubel bei Herisau AR, 1780 (Hans Ulrich Grubenmann)
81–84	Wyssenbach	Wyssenbachtobel bei Schwänberg AR, 1782
85–87	Thur	Thurbrücke bei Lütisburg SG, 1790
88–92	Sitter	Spisegg in St. Gallen-St. Josefen, 1779
93	Sitter	Zweibruggen AR, Grosse Brücke, 1787, Kleine Brücke, vor 1787
94–95	Sitter	Wannenbrücke bei Wittenbach–Unterlöhren SG, 18. Jh.
96–99	Sitter	Listbrücke bei Haslen–Stein AR, 20. Jh.
100–101	Rotbach	Obere Lochmühle bei Teufen AR, 20. Jh.
102–115		**Rheinbrücken**
103–107	Rhein	Stein AG–Säckingen (D), 1270, Neubau 1570–1630
108–112	Rhein	Diessenhofen TG, Neubau 1814–1818
113–114	Rhein	Haag SG–Bendern (FL), 19. Jh.
115	Rhein	Kriessern SG–Mäder (A) (Fachwerk), 19. Jh.
116–127		**Aarebrücken**
117–120	Aare	Wangen a. A. BE, 1549–1552
121–123	Aare	Olten SO, Neubau 1804
124–127	Aare	Hunzikenbrücke bei Belp BE, 1838
128–139		**Saanebrücken**
129–133	Saane	Pont de Berne in Fribourg, 1653
134–137	Saane	Gümmenen BE, 1555
138–139	Saane	Gruyère FR, 19. Jh.
140–155		**Emmental BE**
141–144	Ilfis	Moosbrücke in Langnau, 1797
145–146	Emme	Schüpbachbrücke, 1839
147–150	Emme	Haslebrücke in Wintersei, 1839
151–155	Churzenei	Kleine Brücke bei Wasen, 1870
156–159		**Simmental BE**
157–159	Simme	Mattenbrücke bei Boltigen, 1981
160–177		**Unterengadin GR**
161–163	Inn	Susch, 19. Jh.
164–167	Inn	Scuol
168–173	Inn	Sent–Sur En, 1868
174–177	Inn	Vinadi (nach Finstermünz, A)
178		Nachwort und benützte Literatur
180–181		Verzeichnis der 154 bestehenden Holzbrücken in der Schweiz
182–183		Die Schweiz als Brückenland
184		Plan der dargestellten 32 Holzbrücken

Table des matières

10		Présence du passé
12–48		Othmar Birkner, Sur l'histoire de la construction des ponts de bois: Position du charpentier et de son métier dans l'échelle sociale, types de construction, naissance d'un pont
50–177		Ponts de bois couverts conservés et en partie encore ouverts à la circulation
52–69		**Suisse centrale**
53–57	Reuss	Kapellbrücke à Lucerne, vers 1300
58–63	Reuss	Spreuerbrücke à Lucerne, vers 1400
64–69	Reuss	Bremgarten AG, 1549
70–101		**Suisse orientale**
71–73	Glatt	Rümlangbrücke près de Oberglatt ZH, 1766/67 (Johannes Grubenmann)
74–78	Urnäsch	Hundwilertobel AR, 1778 (Hans Ulrich Grubenmann)
79–80	Urnäsch	Kubelbrücke près de Herisau AR, 1780 (Hans Ulrich Grubenmann)
81–84	Wyssenbach	Wyssenbachtobel près de Schwänberg AR, 1782
85–87	Thur	Thurbrücke près de Lütisburg SG, 1790
88–92	Sitter	Spisegg entre St. Josephen et St-Gall, 1779
93	Sitter	Grosse Brücke, 1787, et Kleine Brücke, avant 1787, à Zweibruggen AR
94–95	Sitter	Wannenbrücke près de Wittenbach–Unterlöhren SG, XVIIIe siècle
96–99	Sitter	Listbrücke près de Haslen–Stein AR, XXe siècle
100–101	Rotbach	Obere Lochmühle près de Teufen AR, XXe siècle
102–115		**Ponts sur le Rhin**
103–107	Rhin	Stein AG–Säckingen (D), 1270, reconstruction de 1570 à 1630
108–112	Rhin	Diessenhofen TG, reconstruction de 1814 à 1818
113–114	Rhin	Haag SG–Bendern (FL), XIXe siècle
115	Rhin	Kriessern SG–Mäder (A)
116–127		**Ponts sur l'Aar**
117–120	Aar	Wangen BE, 1549–1552
121–123	Aar	Olten SO, reconstruction de 1804
124–127	Aar	Hunzikenbrücke près de Belp BE, 1838
128–139		**Ponts sur la Sarine**
129–133	Sarine	Pont de Berne à Fribourg, 1653
134–137	Sarine	Gümmenen BE, 1555
138–139	Sarine	Gruyère FR, XIXe siècle
140–155		**Emmental BE**
141–144	Ilfis	Moosbrücke à Langnau, 1797
145–146	Emme	Schüpbachbrücke, 1839
147–150	Emme	Haslebrücke à Wintersei, 1839
151–155	Churzenei	Kleine Brücke près de Wasen, 1870
156–159		**Simmental BE**
157–159	Simme	Mattenbrücke à Boltigen, 1981
160–177		**Basse-Engadine GR**
161–163	Inn	Susch, XIXe siècle
164–167	Inn	Scuol, XIXe siècle
168–173	Inn	Sent–Sur En, 1868
174–177	Inn	Vinadi (vers Finstermünz, A), XIVe siècle
178–179		Postface et ouvrages consultés
180–181		Liste des 154 ponts de bois couverts encore existants en Suisse
182–183		La Suisse, pays des ponts
184		Carte des 32 ponts représentés dans cet ouvrage

Contents

11		The presence of the past
12–48		Othmar Birkner, The history of bridge building: The status of the carpenter and his craft, types of structure, how a bridge is built
51–177		Roofed wooden bridges still existing and still in use
52–69		**Central Switzerland**
53–57	Reuss	Kapellbrücke in Lucerne, around 1300
58–63	Reuss	Spreuerbrücke in Lucerne, around 1400
64–69	Reuss	Bremgarten AG, 1549
70–101		**Eastern Switzerland**
71–73	Glatt	Rümlangbrücke near Oberglatt ZH, 1766/67 (Johannes Grubenmann)
74–78	Urnäsch	Hundwilertobel AR, 1778 (Hans Ulrich Grubenmann)
79–80	Urnäsch	Kubelbrücke near Herisau, 1780 (Hans Ulrich Grubenmann)
81–84	Wyssenbach	Wyssenbachtobel near Schwänberg AR, 1782
85–87	Thur	Thurbrücke near Lütisburg SG, 1790
88–92	Sitter	Spisegg at St Gall-St Josefen, 1779
93	Sitter	Zweibruggen AR, large bridge, 1787, small bridge, before 1787
94–95	Sitter	Wannenbrücke near Wittenbach–Unterlöhren SG, 18th century
96–99	Sitter	Listbrücke near Haslen–Stein AR, 20th century
100–101	Rotbach	Obere Lochmühle near Teufen AR, 20th century
102–115		**Bridges over the Rhine**
103–107	Rhine	Stein AG–Säckingen (D), 1270, new construction 1570–1630
108–112	Rhine	Diessenhofen TG, new construction 1814–1818
113–114	Rhine	Lattice truss bridges at Haag SG–Bendern (FL), 19th century
115	Rhine	and Kriessern SG–Mäder (A)
116–127		**Bridges over the Aar**
117–120	Aar	Wangen BE, 1549–1552
121–123	Aar	Olten SO, new construction 1804
124–127	Aar	Hunzikenbrücke near Belp BE, 1838
128–139		**Bridges over the Sarine**
129–133	Sarine	Pont de Berne in Fribourg, 1653
134–137	Sarine	Gümmenen BE, 1555
138–139	Sarine	Gruyère FR, 19th century
140–155		**Emmental BE**
141–144	Ilfis	Moosbrücke at Langnau, 1797
145–146	Emme	Schüpbachbrücke, 1839
147–150	Emme	Haslebrücke near Wintersei, 1839
151–155	Churzenei	Small bridge near Wasen, 1870
156–159		**Simmental BE**
157–159	Simme	Mattenbrücke near Boltigen, 1981
160–177		**Lower Engadine GR**
161–163	Inn	Susch, 19th century
164–167	Inn	Scuol
168–173	Inn	Sent–Sur En, 1868
174–177	Inn	Vinadi GR (to Finstermünz, A)
179		Postscript and literature consulted
180–181		List of the 154 wooden bridges still surviving in Switzerland
182–183		Switzerland as a country of bridges
184		Map of the 32 wooden bridges presented

Erhaltung historischer Bauten
Alte Holzbrücken sollen nicht zu funktionslosen und nostalgischen Museumsstücken degradiert, sondern den heutigen Möglichkeiten entsprechend genutzt werden. Vielfach kommt es zum Abriss von historischen Brücken, weil Planer und Gemeinden keine alternativen Nutzungsvarianten sehen und mehrheitlich dem zukunftsträchtigen Strassenverkehr folgen.

Übereinstimmung von Bauidee und Bauformen
Gedeckte Holzbrücken finden sich in allen waldreichen Ländern. Sie sind mit Lauben, Stegen und Galerien verwandt. In der Fachwerkkonstruktion sind die Brücken dem Dachbau nahe. Es ist ein Gerüst mit tragender Funktion wie bei der Überbrückung eines Kirchenschiffes. In den meisten Fällen bildet die Überdeckung einen Schutz, oder die Überdeckung kann durch Versteifung durch Windverbände die Brücke stabilisieren.

Prüfstein für unser Bauen
Gedeckte Holzbrücken zeichnen sich besonders durch ihre hohe plastische Qualität aus und zählen darum gerade heute zu den originellen Leistungen der Architekturgeschichte. Aber auch die statischen Experimente und die rationale Konstruktion haben positive Neueinschätzungen erfahren.

Holzbau und Volksmusik
In der Ostschweiz zum Beispiel und besonders im Kanton Appenzell ist der Holzbau neben der noch erhaltenen, barocken Volksmusik der populärste Volkskunstzweig. Das kulturelle Erbe dieses Brauchtums hat in den letzten Jahrzehnten in der Schweiz mit der Entwicklung der baukünstlerischen Information eine führende Bedeutung erlangt.

Das Grubenmannsche Erbe
Der Holzbrückenbau galt vom 13. bis 18. Jahrhundert als technischer und baukünstlerischer Architekturmarkstein. Besonders hohe Qualität hatte Johann-Ulrich Grubenmann aus Teufen (1709–1783) aus einer begabten Baumeisterfamilie. Er besass als Brücken- und Kirchenbauer damals schon europäischen Ruf.

Formwandel durch Technologie
Holz war aus statischen und wirtschaftlichen Gründen seit je ein idealer Baustoff. In verleimter Form ist es als Brettschichtholz zur Überbrückung grosser Spannweiten hervorragend geeignet und bereicherte die Gestaltungsmöglichkeiten. Holz bleibt ein Lehrobjekt für die Auseinandersetzung im technischen und konstruktiven Bereich.

Lehrgerüste aus Holz
Die etwa 100jährigen Brücken der Albulabahn im Kanton Graubünden zum Beispiel sind gemauerte Gewölbe aus einheimischen Steinen, die sich besonders gut in die Landschaft einfügen. Komplizierte Lehrgerüste aus Holz waren für die Erstellung der Gewölbe notwendig. Aber auch beim Eisenbetonbau und beim Stahlbau waren die hölzernen Lehrgerüste die Grundlage der Brückenkonstruktion.

Markante Kontinentalwasserscheide
Im schweizerischen Alpenraum liegt die grosse Quellkammer Europas, eine Kontinentalwasserscheide: Nach der Nordsee (Rhein), dem westlichen Mittelmeer (Rhone), zur Adria (Tessin) und nach dem Schwarzen Meer (Inn) wenden sich ihre Wasser. Es ist verständlich, dass der Wasserlauf auf die Gestalt des Brükkenbaus einen Einfluss hatte.

Maintien du patrimoine architectural
Les anciens ponts de bois ne doivent pas être ravalés au rang de pièces de musées sans fonction et tout juste bonnes à entretenir la nostalgie du passé mais, dans la mesure du possible, doivent servir à satisfaire des besoins actuels. Souvent, on en vient à démolir des ponts historiques parce que planificateurs et communes ne voient aucune solution de rechange pour leur utilisation et, dans la plupart des cas, se contentent de répondre aux besoins croissants du trafic routier.

Conformité de l'idée et des formes
Les ponts couverts en bois existent dans tous les pays boisés. Ils sont apparentés aux passerelles et galeries de bois. Leur construction en pan-de-bois est proche de celle des toits. C'est une charpente qui a pour fonction de porter, commes celles qui enjambent une nef d'église. La couverture constitue le plus souvent une protection; fermes et contreventement stabilisent aussi le pont en le rendant plus rigide.

Une pierre de touche pour l'architecture
Les ponts de bois couverts font montre de qualités plastiques remarquables. C'est pourquoi ils comptent aujourd'hui justement parmi les réalisations originales de l'histoire de l'architecture. Mais le fait qu'ils soient des exemples d'expériences statiques et de construction rationnelle n'est pas non plus étranger à leur revalorisation actuelle.

Construction en bois et musique populaire
En Suisse orientale, et plus particulièrement dans le canton d'Appenzell, le plus répandu des arts populaires après la musique populaire baroque encore jouée aujourd'hui, c'est la construction en bois. L'héritage culturel de cette tradition transmise de père en fils a pris ces dernières décades une très grande importance en Suisse avec le développement de l'information sur l'architecture.

Une tradition familiale: les Grubenmann
Du XIIIe au XVIIIe siècle, la construction des ponts de bois a été considérée comme la pierre angulaire de la technique architecturale. Citons en particulier pour la qualité de ses réalisations Hans Ulrich Grubenmann (1709—1783), issu d'une famille de constructeurs de talent de Teufen. Il fut déjà à son époque un constructeur de ponts et d'églises réputé partout en Europe.

La forme modifiée par la technologie
Pour des raisons de statique et d'économie, le bois a été depuis toujours un matériau de construction idéal. Sous la forme de lamelles juxtaposées et collées, il fournit des pièces de grandes dimensions tout à fait appropriées pour franchir de grandes portées, et riches en possibilités décoratives. Le bois reste un objet didactique pour la formation critique dans les domaines de la technique et de l'architecture.

Cintres en bois
Les ponts presque centenaires de la ligne de l'Albula, dans le canton des Grisons, sont faits en pierres du pays maçonnées qui s'intègrent parfaitement bien dans le paysage. La réalisation des voûtes a nécessité l'emploi de cintres compliqués en bois. Pour construire les ponts en béton armé ou en acier, on utilise également des cintres en bois.

Sur une importante ligne de partage des eaux
Un très grand nombre de cours d'eau prennent leur source dans la région des Alpes. Les eaux qui s'écoulent hors de Suisse se dirigent: vers la mer du Nord (Rhin), vers la partie occidentale de la Méditerranée (Rhône) et l'Adriatique (Tessin), vers la mer Noire (Inn). Le rattachement aux différents bassins fluviaux a eu une certaine influence sur la forme des ponts.

The presence of the past

The preservation of historic structures
Old wooden bridges should not be demoted to nostalgic museum exhibits with no function to perform but rather be put to such modern uses as circumstances permit. Historic bridges are often demolished because planners and local authorities see no alternative use for them and prefer in most cases to bow to the dictates of future road traffic.

Congruence of idea and forms in structure
Covered timber bridges are to be found in all forested countries. They are akin to arbours, landing stages and galleries. A bridge closely resembles a roof in the form of framework construction it employs. It is a truss with a load-bearing function comparable to that used to span a church nave. In most instances the bridge roof affords protection or, if it is stiffened with wind bracing, it can stabilize the bridge.

A criterion by which to judge our architecture
Covered wooden bridges are particularly noteworthy for their marked 'sculptural' quality and are thus accounted today among the most original achievements of our architectural past. But as experiments in statics and rational construction they have also won fresh regard among designers.

Wooden structures and folk music
In Eastern Switzerland, and especially in the canton of Appenzell, timber construction, along with the still flourishing baroque folk music, is the most popular branch of vernacular art. In recent decades in Switzerland, as architectural information has become more widely available, the cultural heritage constituted by these traditions has assumed an importance of the first rank.

The Grubenmann heritage
In the 13th to 18th centuries the construction of wooden bridges was held to be a landmark in building technique and artistry. Hans Ulrich Grubenmann of Teufen (1709–1783), who came from a gifted family of master builders, excelled in this work. Even in those days he enjoyed a European reputation as a builder of bridges and churches.

Changing form and technology
For engineering and economic reasons wood has always been an ideal building material. In the form of glued laminated wood it is eminently capable of spanning great distances and enriches the design repertoire. A great deal can be learnt from wood as a material in tackling problems in the field of technology and structure.

Timber formwork and centering
The bridges of the Albula Railway in the canton of Grisons, for example, are 100-year-old masonry arches built from local stone which fit particularly well into the landscape. To produce the arches complicated timber centering was required. Even where reinforced concrete and structural steel was used as building material, timber formwork still provided the basis for the construction of the bridge.

Watershed for a continent
The Swiss Alps are the springhead of Europe, a continental watershed: the Rhine flows to the North Sea, the Rhône to the Mediterranean, the Ticino to the Adriatic and the Inn to the Black Sea. Needless to say, these watercourses have had a profound influence on the design of bridges.

Abb. 1
Titelblatt eines Zimmermannsbuches.
Johann Wilhelms Architectura Civilis,
3. Aufl., 1662.

Ill. 1
Frontispice d'un traité de charpenterie.
Johann Wilhelms Architectura Civilis,
3e éd., 1662.

Fig. 1
Title page of a carpentry book.
Johann Wilhelms Architectura Civilis,
3rd ed., 1662.

Zur Geschichte des Holzbrückenbaus

Sur l'histoire de la construction des ponts de bois

The history of bridge building

Stellung des Zimmermanns und seines Handwerks

An- und Aussehen des Zimmermanns

Den Zimmerleuten wurde ein besonderer Berufsstolz nachgesagt. Es mag für ihre Stellung am Bau bezeichnend sein, dass es kein Richtfest gab, bevor nicht der Dachstuhl aufgestellt war. In gleich luftiger Höhe, quasi zuoberst, auf Maurer und Steinhauer hinabspuckend, arbeiteten zwar auch die Dachdecker. Diese hatten aber nicht einmal eine eigene Zunft. Sie mussten sehen, ob sie sich der Zunft der Maurer oder Zimmerleute anschliessen durften. Die Schreiner waren für die Zimmerleute nur «Leimer», denn sie durften nur jene Arbeiten ausführen, die geleimt werden mussten. Das Ansehen des Zimmermannsgesellen wurde ausserdem durch die vorgeschriebene Wanderzeit gehoben. Sie betrug mindestens drei Jahre. Schon im 18. Jahrhundert beherrschten die Zimmerleute oftmals eine Fremdsprache. Nicht selten protzte der Zimmermann mit Erfahrungen, die er in Paris gesammelt hatte. Grösste Aufmerksamkeit schenkte er der Kleidung: «Schwarz ist die Farbe der Zimmerleute und der Fremden, der ganze Anzug hat auch nicht einen farbigen Flecken, und nur das Hemd, das als äusseres Kleidungsstück betrachtet wird, muss von weisser Leinwand, ungestärkt im Brustansatz und immer sauber sein[1].» Sehr wichtig war der Hut, im 17. Jahrhundert ein zünftiger Zylinder, der sich später zum breitkrempigen Hut wandelte. Um 1900 hatte er in der Regel den stolzen Durchmesser von 50 cm. Der Zimmermann sagte aber, der genaue Umfang seines Hutes messe 1,57 m = 50 × 3,14 (π d). Damit zeigte er seine Vertrautheit mit der Rechenkunst.
Im Frühling 1981 traf der Schreibende auf dem Hamburger Fischmarkt bei St. Pauli noch einen Zimmermann in unverkennbarer Tracht. Dieser erzählte, es gäbe in Deutschland noch rund 500 wandernde Zimmermannsgesellen. Bis zum Ersten Weltkrieg wanderten sie

Position du charpentier et de son métier dans l'échelle sociale

Prestige et apparence du charpentier

On disait que les charpentiers étaient particulièrement fiers de leur métier. Un fait qui pourrait en dire long sur leur position parmi les métiers du bâtiment: la petite fête qui était donnée aux ouvriers par le maître de l'ouvrage n'avait pas lieu avant que la charpente du toit ait été entièrement levée et mise en place. Tout aussi haut qu'eux dans les airs, crachant sur les maçons et les tailleurs de pierres, œuvraient il est vrai aussi les couvreurs. Mais ces derniers n'avaient même pas une corporation à eux. Il leur fallait chercher à s'associer à celle des peintres ou bien à celle des charpentiers, pour lesquels ils n'étaient que des «colleurs», car il leur était permis d'exécuter seulement les travaux où il faut coller. Le prestige des compagnons charpentiers était en outre accru par les trois années de voyage au moins auxquelles ils étaient astreints. Déjà au XVIIIe siècle, les charpentiers parlaient souvent une langue étrangère. Il n'était pas rare que l'un d'entre eux se vante des expériences qu'il avait pu faire à Paris. Le charpentier accordait la plus grande attention à sa mise: «Le noir est la couleur des charpentiers et des étrangers, le costume tout entier n'a pas seulement une tache de couleur, et seule la chemise, qui est considérée comme une des pièces extérieures du vêtement, doit être faite de toile de lin blanche, non amidonnée sur le devant de la poitrine et toujours propre[1].» La coiffure était très importante: au XVIIe siècle, un vrai haut-de-forme, qui se transforma par la suite en un chapeau à large bord. Vers 1900, il arborait d'ordinaire le fier diamètre de 50 cm. Mais le charpentier, lui, disait que le tour de son chapeau mesurait exactement 1,57 m = 50 cm × 3,14 (π d). Ceci pour montrer qu'il savait bien calculer.
Au printemps 1981, l'auteur a rencontré sur le marché aux poissons de Hambourg, près de St. Pauli, un charpentier

The status of the carpenter and his craft

The carpenter: his appearance and prestige

Carpenters were reputed to take a very special pride in their craft. The status they enjoyed on the site may be gauged perhaps by the fact that there could be no topping-out ceremony until the roof timbers had been completed. True, working at the same lofty height, outtopping the masons and bricklayers, as it were, and able to spit down on them, there were also the roofers. But these tradesmen did not even have a guild of their own, and they had to see whether they might join the bricklayers' or carpenters' guild. In the eyes of carpenters, joiners were nothing more than 'gluers', for they were allowed to do only work that had to be glued together. Moreover, the prestige of the carpenters was enhanced by the fact that they had to work for at least three years as travelling journeymen. Even in the 18th century the carpenters often knew a foreign language. Not infrequently the carpenter could boast of the experience he had gained in Paris. He paid the greatest attention to his garb: 'Black is the colour of carpenters and foreigners; there is not a spot of colour anywhere in the suit, and only the shirt, which is regarded as an outer garment, must be of white linen, the shirtfront unstarched, and always spotless[1].' Great importance attached to the hat; in the 17th century it was a proper top hat, which later turned into a broad-brimmed hat. About 1900 it boasted a diameter of 20 inches. The carpenter himself, however, said that the precise circumference of his hat was 1.57 m = 50 cm × 3.14 (π d). This was his way of showing his familiarity with arithmetic.
In the spring of 1981 the author met a carpenter in his unmistakable garb in the Hamburger Fischmarkt near St. Pauli. He told me there were still 500 travelling journeyman carpenters in Germany. Until World War I they

Abb. 2
Typische Arbeitsvorgänge des Zimmermanns auf einem Bauplatz.
Bildquelle: Diderot, Charpenterie, 1763.

Ill. 2
Les travaux typiques du charpentier sur un chantier de construction.
Dans: Diderot, Charpenterie, 1763.

Fig. 2
Typical carpenter's operations on a building site.
Source: Diderot, Charpenterie, 1763.

durch ganz Europa, mit Vorliebe über die Alpen bis nach Neapel.

Soziale Stellung

Die soziale Stellung des Zimmermanns war sehr verschieden. Der Lohn eines langen, schweren Arbeitstages war nicht hoch. Bis zur Jahrhundertwende waren 12–14 Arbeitsstunden im Sommer nicht ungewöhnlich. Vor dem Ersten Weltkrieg bekam ein Zimmermann in Deutschland etwa 65 Pfennig Stundenlohn. Ein Frühstück mit Bier, Wurst, Käse und Brot kostete etwa 20–25 Pfennig. Die besondere Trinklust, die man den Zimmerleuten nachsagte, hat ihre finanzielle Lage bestimmt nicht verbessert. Zudem musste etwas auf die Seite gelegt werden, denn im Winter war die Arbeit rar.
Anderseits war der Zimmermann auf dem Lande zugleich auch Baumeister, der alle Bauarbeiten übernahm. Gelang ihm überdies die Inbetriebnahme einer Sägerei, gehörte er zu den reichsten und angesehensten Bürgern einer Gemeinde. Das Leben von Hans Ulrich Grubenmann (1709–1783) ist dafür ein beredtes Beispiel. Von ihm sind nicht nur 11 Brückenbauten in der Schweiz nachweisbar, sondern auch 27 Kirchen, 9 Turmaufbauten, zahlreiche Privathäuser und Staatsbauten, wie das Regierungsgebäude des Kantons Graubünden in Chur[2]. Seine 1755–1757 ausgeführte Brücke von Schaffhausen (1799 zerstört) war weltberühmt. Nicht weniger bekannt war durch seine Brückenbauten der Luzerner Kaspar Josef Ritter. Um und nach 1800 wurde Blasius Balteschwiler (1752–1832) durch seine Brückenbauten berühmt. Zuerst war er der «erfahrene Zimmermann» von Laufenburg. Als er 1804 die heute noch bestehende Oltner Brücke vollendet hatte, schrieb ihm die Stadt das schöne Zeugnis:
«Herr Balteschwiler, Baumeister hiesiger Aarenbrugg, hat das volle Zutrauen unserer Gemeinde erworben[3].»
Sie übertrug ihm 1805 die Bauführung der Stadtkirche. Seine Sägerei wurde

vêtu de son costume caractéristique. Celui-ci raconta qu'il y avait à ce moment-là en Allemagne environ 500 compagnons charpentiers en train de faire leur grand voyage. Jusqu'avant la première guerre mondiale, les compagnons circulaient à travers toute l'Europe; de préférence, ils traversaient les Alpes et allaient jusqu'à Naples.

La situation sociale

La situation sociale du charpentier était très variable. Le salaire d'une longue et pénible journée de travail n'était pas élevé. Jusqu'au début du siècle, des journées de 12 à 14 heures étaient choses courantes en été. Avant la première guerre mondiale, un charpentier touchait en Allemagne un salaire horaire d'environ 65 pfennigs. Un casse-croûte avec bière, saucisse, fromage et pain coûtait environ 20 à 25 pfennigs. Le goût particulier pour la boisson qu'on attribuait volontiers aux charpentiers n'améliorait sûrement pas leurs finances. Il leur fallait aussi mettre quelque chose de côté, car en hiver, le travail était rare.
A la campagne, le charpentier était aussi le maître d'œuvre qui se chargeait de tous les travaux de construction. S'il parvenait en outre à exploiter une scierie, il comptait bientôt parmi les citoyens les plus riches d'une commune. La vie de Hans Ulrich Grubenmann en est un exemple éloquent. En Suisse, on peut lui attribuer non seulement 11 ponts, mais aussi 27 églises, 9 tours, de nombreuses maisons particulières et bâtiments publics tels que celui qui abrite le gouvernement du canton des Grisons à Coire[2]. Le pont qu'il réalisa à Schaffhouse en 1755–1757 était réputé partout dans le monde. Le Lucernois Kaspar Josef Ritter fut également un constructeur de ponts très connu. Vers 1800 et dans les années qui suivirent, Blasius Balteschwiler (1752–1832) devint célèbre, lui aussi à cause de ses ponts. Il fut d'abord appelé le «charpentier expérimenté» de Laufenburg. En 1804, lorsqu'il eut achevé

travelled all over Europe and, for preference, crossed the Alps and went down to Naples.

Social status

The social status of the carpenter varied greatly. The wages for a long and hard day's work were not princely. Until the end of the last century a working day of 12–14 hours was not uncommon. Before World War I a carpenter earned 65 pfennig an hour in Germany. A breakfast with beer, sausage, cheese and bread cost between 20 and 25 pfennig. The deep thirst with which carpenters were credited cannot have improved their financial position. Moreover, they had to put something aside because work was difficult to find in winter.
In the country, on the other hand, the carpenter was at the same time a builder who did every class of builder's work. If he also managed to run a sawmill, he was one of the wealthiest and most esteemed citizens of a community. The life of Hans Ulrich Grubenmann (1709–1783) is an eloquent example. He is known to have built not only 11 bridges in Switzerland but also 27 churches, 9 spire roofs, a number of private houses and state buildings including the government offices of the canton of Grisons in Chur[2]. His bridge in Schaffhausen, built in 1755–1757 (destroyed in 1799), was world-famous. Kaspar Josef Ritter of Lucerne was no less famous as a bridge builder. Blasius Balteschwiler (1752–1832) also won a reputation for his bridges c. 1800 and after. First of all he was the 'skilled carpenter' of Laufenburg. When in 1804 he had completed the bridge at Olten, which is still standing today, the town wrote him this glowing testimonial:
'Mr Balteschwiler, builder of the bridge here over the Aar, has won the complete confidence of our town[3].'
In 1805 they entrusted him with the construction of the town church. His sawmill became the starting point of a still flourishing family business.

Abb. 3
Rheinbrücke bei Schaffhausen, von Hans Ulrich Grubenmann 1755–1757 erbaut. 1799 zerstört.
Bildquelle: Christian Mechel, Brücken von Schaffhausen, Wettingen, Mellingen, 1803.

Ill. 3
Pont sur le Rhin à Schaffhouse construit par Hans Ulrich Grubenmann en 1755–1757, détruit en 1799.
Dans: Christian Mechel, Brücken von Schaffhausen, Wettingen, Mellingen, 1803.

Fig. 3
Bridge over the Rhine at Schaffhausen by Hans Ulrich Grubenmann, built 1755–1757, destroyed 1799.
Source: Christian Mechel, Brücken von Schaffhausen, Wettingen, Mellingen, 1803.

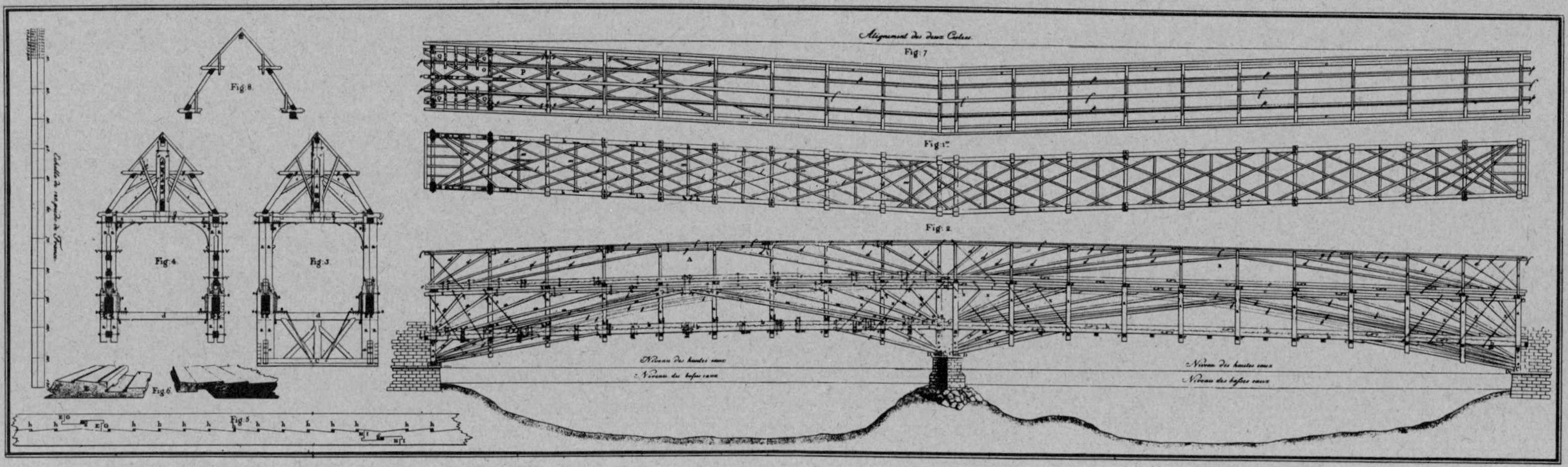

Ausgangspunkt eines heute noch florierenden Familienbetriebes.
Im Zeitalter des Klassizismus und während des Baubooms im Historismus können wir wiederholt Zimmerleute beobachten, die sich eine Baufirma erwirtschafteten. Ihre Söhne schickten sie in Gewerbe- oder gar Hochschulen, und diese führten das väterliche Erbe dann als Architekten weiter. Dies galt auch für Zimmermeister in grösseren Schweizer Städten. Als Beispiel seien zwei der berühmtesten Architekten der Schweiz genannt. In Basel begann Johann Jakob Stehlins Vater als Zimmermeister. In Zürich war der Zeitgenosse Ferdinand Stadler stolz darauf, einer Zimmermannsfamilie zu entstammen.

Bildung

Ein Sprichwort sagte: Die Zimmerleute schreiben und zeichnen nicht, sie reissen. Das Schwergewicht der Ausbildung lag gewiss in der Praxis. Aber das Aufreissen komplizierter Konstruktionen (1:1) forderte auch ein gutes technisches Vorstellungsvermögen. Spätestens Ende des 18. Jahrhunderts erwartete der Bauherr von einem guten Zimmermann, der mit besonderen Aufgaben betraut wurde, dass er Pläne zeichnen und Kostenvoranschläge schreiben konnte. Die praktische Ausbildung wurde selbst von Akademikern des

le pont couvert qui existe aujourd'hui encore à Olten, la ville lui écrivit cette belle attestation: «Monsieur Balteschwiler, constructeur du pont sur l'Aar de l'endroit, s'est acquis la pleine confiance de notre commune[3].»
En 1805, ils lui confièrent la conduite des travaux de l'église de la ville. Sa scierie fut le point de départ d'une entreprise familiale toujours florissante.
A l'époque du néo-classicisme et pendant l'historicisme qui vit une période de haute conjoncture dans l'industrie du bâtiment, nous pouvons observer à plusieurs reprises comment des charpentiers acquirent et exploitèrent des entreprises de construction. Ils envoyèrent leurs fils dans des écoles professionnelles ou même dans les écoles techniques supérieures, et ceux-ci prolongèrent en quelque sorte la tradition familiale en tant qu'architectes. Ceci fut valable aussi pour les maîtres-charpentiers installés dans les villes suisses de grande et moyenne importance. Citons en exemple deux des architectes suisses les plus connus. A Bâle, le père de Johann Jakob Stehlin débuta comme charpentier. A Zurich, son contemporain Ferdinand Stadler était fier de descendre d'une famille de charpentiers.

In the age of classicism and during the building boom when historical revivals were the fashion it was common for carpenters to set up as builders. They sent their sons to technical schools, or even to university, and these offspring then continued in their father's footsteps as architects. The same also applied to master carpenters in Swiss towns. Two of the most famous Swiss architects might be mentioned as examples. In Basle Johann Jakob Stehlin's father was a master carpenter. In Zurich his contemporary Ferdinand Stadler was proud to come from a family of carpenters.

Training

A proverb said: Carpenters do not write and draw, they scribe. Certainly, the training they received was mainly practical. But marking out complicated constructions (1:1) also called for good powers of technical visualization. At the end of the 18th century, at the latest, the master expected a good carpenter, whom he could entrust with special jobs, to be able to draw plans and prepare estimates. This practical training was highly rated even by 19th century academics. In the preface to his great work 'Der Stil', Gottfried Semper wrote: 'The apprentice's creative gift was stimulated and exercised earlier than his

19. Jahrhunderts hoch eingestuft. Gottfried Semper schrieb im Vorwort seines grossen Werkes «Der Stil»: «Der Trieb des Schaffens wurde dem Lehrling früher angeregt und geübt, als seine Empfänglichkeit für fremdes exaktes Wissen. Dabei kam er von selbst auf Dinge, die er wissen musste, um weiter zu schaffen[4].» Später wurde die handwerkliche Erziehung noch höher eingeschätzt; denken wir nur an die Bemerkungen von Adolf Loos über das Handwerk um 1900. Als gegen Ende des 19. Jahrhunderts vermehrt eigene Schulen für Lehrlinge eröffnet wurden, entfaltete sich die Streitfrage, welche Ausbildung besser sei, Schulwerkstätte oder Werkstattlehre. In der Schweiz wurde im Winter 1879/80 am kantonalen Technikum Winterthur ein «Baukurs für Lehrlinge und Arbeiter» eingeführt. Die Unterrichtsfächer waren: Bauzeichnen, Baukonstruktionslehre, Handzeichnen, Flächen- und Körperberechnung sowie Lehre von den Grund- und Aufrissen. Das sind alles Fächer, in denen Bauhandwerker jeder Art Verständnis und Übung haben müssen: Zimmerleute, Maurer, Steinhauer, Stukkateure, Bauschreiner, Bauschlosser usw.[5]. Im Zeitalter neuer Ausbildungsmöglichkeiten blieb die Hochachtung gegenüber den Leistungen der Baumeister Grubenmann unverändert, sie stieg vielleicht sogar noch. Man bedenke, dass Hans Ulrich Grubenmann, der von seinen Zeitgenossen «mechanisches Genie» benannt wurde, nicht studiert hatte, und seine besten Gesellen konnten weder lesen noch schreiben.
Eine Anekdote erzählt, dass Grubenmann bei den Schaffhauser Räten, als er den Auftrag zum Bau der grossen Rheinbrücke bekommen sollte, Misstrauen erweckte, weil er nicht den Eindruck eines gelehrten Mannes machte. Als er das Modell zeigte, lachten die Räte und behaupteten, eine Spannweite von 119 m könne niemals halten. Ohne lange Gegenerklärungen stellte sich Grubenmann auf das Modell. Die teilweise überzeugten Räte übertrugen nun Grubenmann den Bau, verlangten aber zur Sicherheit doch einen Mittelpfeiler[6].

Formation

Un proverbe dit: Les charpentiers n'écrivent et ne dessinent pas, ils tracent. Leur formation mettait l'accent sur la pratique, c'est un fait certain. Mais le traçage de constructions compliquées (1:1) exigeait aussi une bonne imagination capable de se représenter les problèmes techniques. A partir de la fin du XVIIIe siècle au plus tard, tout commettant qui avait confié une tâche particulière à un bon charpentier attendait de celui-ci qu'il fût à même de dessiner des plans et d'établir un devis par écrit. La formation pratique était très estimée, même par les universitaires du XIXe siècle. Gottfried Semper écrivit dans la préface de son important ouvrage «Der Stil»: «L'envie de travailler était suscitée et développée chez l'apprenti avant sa réceptivité à un savoir exact étranger. Il arrivait ainsi de lui-même à des choses qu'il devait savoir pour continuer son travail[4].» Par la suite, l'éducation manuelle fut tenue encore en plus haute estime: pensons seulement aux réflexions de Adolf Loos sur l'artisanat, vers 1900. Vers la fin du XIXe siècle, lorsque se multiplièrent les écoles professionnelles pour les apprentis, on en vint à se demander laquelle des deux formations était la meilleure, de celle qui était dispensée dans les ateliers des écoles ou de l'apprentissage dans l'atelier d'un maître-artisan. Durant l'hiver 1879/80, on introduisit en Suisse un «cours de construction destiné aux apprentis et aux ouvriers» qui fut donné à l'Ecole technique supérieure de Winterthur. Les matières enseignées étaient: le dessin de plans de construction, l'étude de la construction, le dessin à la main, le calcul des surfaces et des volumes, ainsi que l'étude des projections horizontales et verticales. Ce sont là des matières que tous les artisans du bâtiment doivent comprendre et maîtriser, qu'ils soient charpentiers, maçons, tailleurs de pierres, stucateurs, menuisiers ou serruriers du bâtiment, etc.[5]. Pendant que s'ouvraient ces nouvelles possibilités de formation, l'estime que l'on portait à des

ability to absorb extraneous exact knowledge. In this way he himself learnt things he had to know to progress in his work[4].' Later, manual training in the crafts was rated still more highly; we need only recall what Adolf Loos had to say about the crafts c. 1900. When, towards the end of the 19th century, more special schools were opened for apprentices, a controversy arose as to which form of training was better — the training workshop or workshop training. In the winter of 1879/80 a 'building course for apprentices and workers' was introduced at the cantonal technical school at Winterthur in Switzerland. The subjects taught were: constructional drawing, structural design, freehand drawing, computation of areas and volumes, and the preparation of plans and elevations. These are all subjects which must be understood and practised by building tradesmen of every kind: carpenters, bricklayers, masons, plasterers, joiners, locksmiths, etc.[5]. In an age when new opportunities for training were becoming available, there was no diminution in the esteem in which the works of master builder Grubenmann were held; if anything it increased even more. It must be remembered that Hans Ulrich Grubenmann, who was called a 'mechanical genius' by his contemporaries, had never studied and that his best workmen could neither read nor write.
One story tells that, when Grubenmann was about to receive the contract to build the big bridge over the Rhine, he aroused the suspicions of the Schaffhausen councillors because he did not strike them as an educated man. When he showed them the model, the councillors laughed and alleged that a span of 119 m (390 ft) would never hold. Grubenmann did not bother much to argue in reply but took his stand on the model. The councillors were convinced and gave him the commission but, for safety's sake, demanded a central pier[6]. Grubenmann was unable to produce any calculations for the dimensions of the timbers. For his measurements he

Für die Dimensionierung der Hölzer konnte Grubenmann keine Berechnungsvorschläge geben. Die Holzbemessungen richteten sich nach seinen Erfahrungswerten. Deshalb konnten berühmte Brückenbauer wie Grubenmann oder Balteschwiler nicht «im engeren Sinn als Ingenieure angesehen werden[7]». Diese Feststellung ist wichtig, damit man das Lob, Grubenmann sei ein «mechanisches Genie», in einem Zeitalter, da Leonhard Euler, Jakob und Daniel Bernoulli die ersten Werke der Mechanik herausgaben, nicht missversteht. Für die Holzbrückenbauer waren die Berechnungen dieser Mathematiker nicht verständlich. Ausserdem ging es z. B. Euler 1744 mit der Ableitung seiner Knickformel «gar nicht darum, Hilfsmittel für die Bemessung von Bauwerken bereit zu stellen[8]». Erst Louis Navier schuf zu Beginn des 19. Jahrhunderts die Synthese von Wissenschaft und Praxis. Als Ingenieur und Mathematiker, der mit Erkenntnissen der Mechanik wissenschaftlich fundierte Baukonstruktionen entwickelte, war er aber noch ein Einzelgänger. Für die Baupraxis änderte sich die Situation langsam, als Karl Culmann, Professor der Ingenieurwissenschaften in Zürich, 1866 ein Buch über die «graphische Statik» herausgab. Mit der Anwendung der Geometrie fand er eine sehr anschauliche und leichtfassliche Darstellung für die Bemessung von Tragwerken, die nun freilich in erster Linie aus Eisen und nicht mehr aus Holz hergestellt wurden.

Zimmermannsbücher

Seit wann gab es eigentlich Lehrbücher der Zimmermannskunst? Nachdem wir gesehen haben, wie praxisbezogen der Zimmermann des 18. Jahrhunderts war, wundert es uns, dass die ersten Zimmermannsbücher schon im 17. Jahrhundert erschienen sind. Nicht gemeint sind damit die zahlreichen architekturtheoretischen Werke, die der Zimmermannskunst nur ein kleines Kapitel einräumten. Der erste Zimmermann, der die Herausgabe einer «Beschreibung

constructeurs comme les Grubenmann et à leurs réalisations demeura inchangée, et même, elle augmenta peut-être encore. Il ne faut pas oublier que Hans Ulrich Grubenmann, que ses contemporains appelaient un «génie de la mécanique», n'avait pas fait d'études, et que ses meilleurs compagnons ne savaient ni lire ni écrire.
On dit que Grubenmann, au moment d'obtenir la commande du grand pont qu'il devait construire sur le Rhin, éveilla la méfiance des conseillers schaffhousois parce qu'il ne donnait pas l'impression d'être un homme érudit. Quand il leur montra sa maquette, ceux-ci se mirent à rire en disant qu'une travée de 119 m ne tiendrait jamais. Pour couper court, Grubenmann se mit debout sur sa maquette. Convaincus, les conseillers le chargèrent de la construction. Mais pour plus de sûreté, ils exigèrent quand même un appui central[6]. Au moment d'établir les dimensions des bois, Grubenmann ne put donner aucune indication sur sa manière de calculer. Il estimait leurs mesures empiriquement, en se fondant sur son expérience. Voilà pourquoi les constructeurs de ponts célèbres tels que les Grubenmann ou Balteschwiler ne peuvent pas être «regardés comme des ingénieurs au sens strict du terme[7]». Constatation importante, si l'on ne veut pas se méprendre sur le sens de l'expression disant que Grubenmann était un «génie de la mécanique» à l'époque où Leonhard Euler, Jakob et Daniel Bernoulli publiaient les premiers ouvrages sur la mécanique. Pour les constructeurs de ponts en bois, les calculs de ces mathématiciens étaient incompréhensibles. D'ailleurs quand Euler opéra la dérivation de sa formule pour le flambage en 1744, il n'avait «pas du tout l'intention de mettre au point des instruments permettant de dimensionner des bâtiments[8]». C'est au début du XIXe siècle seulement que Louis Navier, ingénieur et mathématicien, opéra la synthèse entre science et pratique. Il réalisa des constructions fondées scientifiquement sur ses connaissances de la mécanique, mais son

relied on his empirical judgment. For this reason famous bridge builders like Grubenmann or Balteschwiler could not be 'regarded as engineers in the narrow sense of the term[7]'. It is important to make this point lest the laudatory statement that Grubenmann was a 'mechanical genius' should be misunderstood in an age when Leonhard Euler and Jakob and Daniel Bernoulli were publishing the first works on mechanics. The calculations of these mathematicians were beyond the comprehension of the builders of wooden bridges. Moreover, when Euler, for instance, produced his buckling formula in 1744, he was not at all concerned to 'provide aids for measuring building works[8]'. It was not until the early 19th century that Louis Navier achieved the synthesis of theory and practice. As an engineer and mathematician, he developed scientifically founded structural designs based on his knowledge of mechanics, but he was still a solitary pioneer. For practical building the situation changed only slowly when, in 1866, Karl Culmann, professor of engineering sciences in Zurich, published a book on 'graphic statics'. By recourse to geometry he found a clear and readily understood method of representation for dimensioning load-bearing structures, which admittedly were by then made primarily from iron and no longer from wood.

Books on carpentry

When did the first carpentry textbooks appear? We have seen how closely related to the actual practice of his trade the carpenter was in the 18th century, and so it will come as something of a surprise to learn that the first books on carpentry were published as early as the 17th century. The reference here is not to the numerous works of architectural theory in which only a short chapter was devoted to the carpenter's art. The first carpenter to venture into print with a publication entitled 'Description and drawing of the finest roofs' and also to have engravings made of wooden bridge structures

Abb. 4
Einfache Spreng- / Hängewerkbrücke.
Bildquelle: Johann Wilhelms Architectura Civilis, 1649, Tafel 20.

III. 4
Pont à ferme en arbalète et contre-fiches simple.
Dans: Johann Wilhelms Architectura Civilis, 1649, planche 20.

Fig. 4
Simple composite truss frame bridge.
Source: Johann Wilhelms Architectura Civilis, 1649, plate 20.

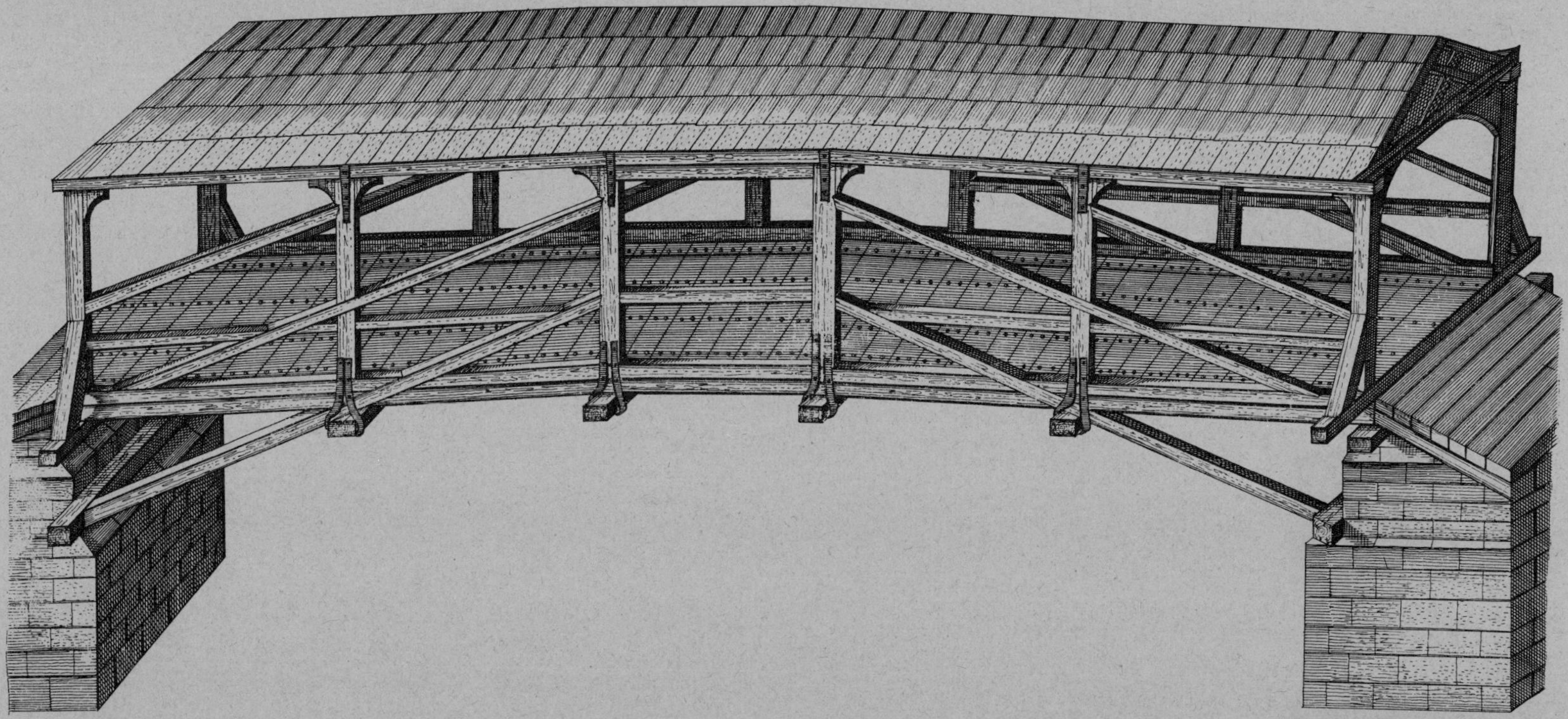

und Vor-Reissung der vornehmsten Dachwerke» wagte und auch Holzbrükkenkonstruktionsdarstellungen in Kupfer stechen liess, war Johann Wilhelm. In seinem 1649 erschienenen Buch betonte er, dass während des Dreissigjährigen Krieges viele Bauten zugrunde gegangen seien und die besten Baumeister den Tod fanden. Das Buch sollte anschaulich den Wissensstand des Zimmermanns umreissen. Mit seinen kurzen Texten und knappen Darstellungen über Fachwerke, Dächer, Türme, Brükken, Glockenstühle, Treppen, Weinkeltern, Pressen, Krane, Lusthäuschen konnte es freilich einen guten Lehrmeister nicht ersetzen. So erschien Johann Wilhelms Buch eher als — modern ausgedrückt — Werbeschrift eines an der Notzeit leidenden Handwerks. In ähnlichem Sinne versuchten auch spätere Zimmermannsbücher auf die Bedeutung dieses Handwerks hinzuweisen. Sie hoben hervor, dass die Zimmerleute als die ersten Baumeister der Menschheit angesehen werden müssten, dass Noah als Zimmermann und Erbauer der

exemple ne fut pas suivi. Dans la pratique, la situation évolua lentement lorsque Karl Culmann, professeur en sciences de l'ingénieur à Zurich, publia un livre sur le «dessin statique» en 1866: il inventa un mode de représentation très clair et à la portée de tous permettant de déterminer à l'aide de la géométrie les dimensions à donner aux charpentes et autres structures portantes qui, bien sûr, étaient alors réalisées surtout en fer et plus en bois.

Traités de charpenterie

Depuis quand y a-t-il des traités sur l'art de la charpenterie? Après avoir vu à quel point le charpentier du XVIIIe siècle tirait son expérience de la pratique, nous nous étonnons de ce que les premiers traités de charpenterie aient paru déjà au XVIIe siècle. Je ne veux pas parler ici des nombreux ouvrages théoriques sur l'architecture qui ne consacraient qu'un petit chapitre à la charpenterie.

was Johann Wilhelm. In his book, which was published in 1649, he stressed that during the Thirty Years' War many buildings had been destroyed and the best master builders had perished. The aim of the book was to give a graphic account of the stock of knowledge expected of a carpenter. Admittedly, with its short texts and thumbnail sketches of frameworks, roofs, towers, bridges, belfries, staircases, winepresses, presses, cranes, and summerhouses it could not replace a good master. Johann Wilhelm's book was rather — to borrow a modern term — a publicity brochure for a trade that had fallen on evil times. In a similar vein later carpenter's books also sought to call attention to the importance of the craft. They stressed that carpenters must be regarded as the first builders in human history, that Noah as a carpenter and builder of the ark saved man and beast from perdition; and indeed that Joseph, the foster father of God's Son, had also been a carpenter. It is interesting to see how in 18th century

Abb. 5
Konstruktionselemente einer gedeckten Brücke.
Bildquelle: wie Abb. 5, Tafel 29.

Ill. 5
Eléments de construction d'un pont couvert.
Dans: idem Ill. 5, planche 29.

Fig. 5
Structural elements of a covered bridge.
Source: as Fig. 5, plate 29.

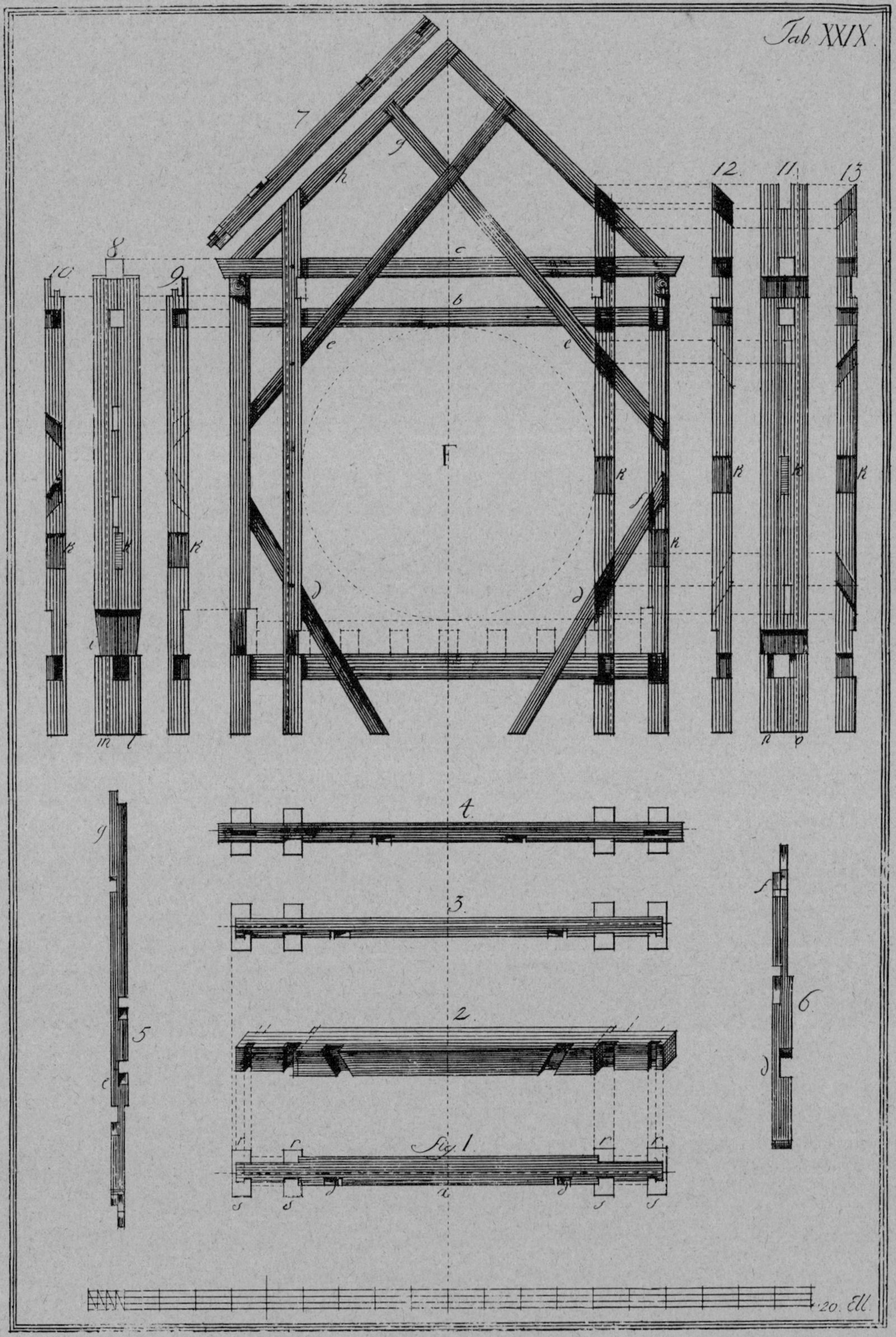

Abb. 6
Spreng- / Hängewerkbrücke.
Bildquelle: Chr. G. Reuss, Anweisung zur Zimmermannskunst, 1764, Tafel 26.

Ill. 6
Pont à ferme en arbalète et contre-fiches.
Dans: Chr. G. Reuss, Anweisung zur Zimmermannskunst, 1764, planche 26.

Fig. 6
Composite truss frame bridge.
Source: Chr. G. Reuss, Anweisung zur Zimmermannskunst, 1764, plate 26.

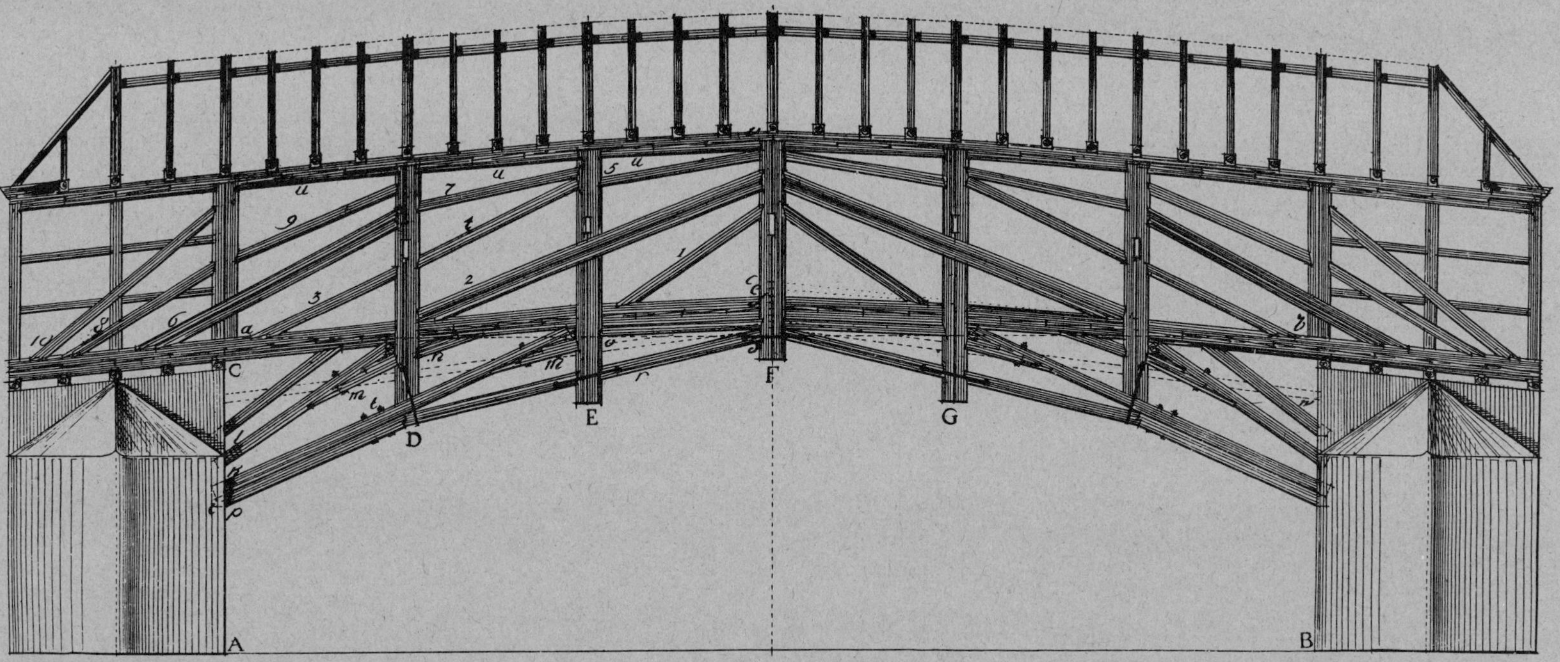

Arche Mensch und Tier vor dem Untergang gerettet hätte; ja selbst Joseph, der Ziehvater des Gottessohnes, wäre Zimmermann gewesen. Interessant ist, wie in den bereits repräsentativeren und umfangreicheren Zimmermannsbüchern des 18. Jahrhunderts die Praxisbezogenheit des Berufes als Tugend hervorgehoben wurde. Christian Gottlob Reuss stellte beispielsweise in der Vorrede seiner 1764 erschienenen Anweisung zur Zimmermannskunst fest, dass zwar viele Bücher über Baukunst erscheinen, aber mit weitläufigen Abhandlungen und schwerverständlichen Darstellungen. Er habe dagegen nichts angeführt, was nicht «wirklich in Ausführung gebracht werden kann». Die Zimmermannsbücher des 18. Jahrhunderts begnügten sich auch nicht mehr mit Gesamtdarstellungen. Immer genauer befassten sie sich in Rissen und Beschreibungen mit den einzelnen Baudetails, zerlegten Holzelementen und den verschiedenen Holzverbindungen. Schritt für Schritt kann der Weg vom Repräsentationswerk zum eigentlichen Lehrbuch verfolgt werden. «The Carpenter's New Guide» von Peter Nicol-

Le charpentier Johann Wilhelm, le premier, osa publier une «Beschreibung und Vor-Reissung der vornehmsten Dachwerke»; il fit aussi graver dans le cuivre des représentations de ponts de bois. Dans son livre paru en 1649, il insistait sur les nombreuses destructions survenues pendant la guerre de Trente Ans et sur le fait que les meilleurs constructeurs avaient aussi trouvé la mort durant ces troubles. Son livre voulait inventorier et présenter concrètement tout ce qu'un charpentier savait à l'époque. Mais ses brefs commentaires et ses descriptions concises de charpentes en pans-de-bois, toits, tours, ponts, chaises de clochers, escaliers, pressoirs, presses, appareils de levage, pavillons d'agrément ne pouvaient certes pas remplacer un bon maître d'apprentissage. Aussi son livre apparut-il plutôt — dit d'une manière moderne — comme une publicité pour un métier mis à mal par la crise du temps. De façon analogue, les traités de charpenterie édités après celui de Johann Wilhelm cherchèrent eux aussi à montrer l'importance de ce métier. Ils faisaient valoir que les charpentiers devraient être considérés

carpenter's books which were more voluminous and imposing in their get-up, the closeness to actual practice is highlighted as a virtue of the craft. For example Christian Gottlob Reuss, in the preface to his Introduction to the Art of Carpentry (1764), stated that there had been books in plenty on architecture but they contained long-winded treatises and their drawings were difficult to understand. He, by contrast, had published nothing that 'cannot really be put into practice'. Nor were the carpenter's books of the 18th century content with general presentations. They became increasingly precise and specific in their drawings and descriptions of individual structural details and analysed wooden components and the most diverse joints. The path from the book intended to glorify the craft to the actual textbook can be traced step by step. 'The Carpenter's New Guide' by Peter Nicolson, which went through several editions in London in the early 19th century, already assumes that the carpenter has a solid grounding in geometry. In the course of the 19th century the craftsman was expected to

son, welches in London zu Beginn des 19. Jahrhunderts mehrere Auflagen erlebte, setzte beim Zimmermann bereits eine fundierte Kenntnis der Geometrie voraus. Im Laufe des 19. Jahrhunderts wurden an den Handwerker immer höhere theoretische Anforderungen gestellt. Das Buch «Die Schule des Zimmermanns», 1855 von B. Harres herausgegeben, wandte sich an «Architekten und Bauhandwerker» und «Bau- und Gewerbeschulen». Bei der zweiten Auflage von 1859, der auch ein umfangreicher Abriss über Brückenbau beigegeben wurde, betonte Harres vor allem den Erfolg seines Buches in den genannten Schulen.

Konstruktionsarten

Die wichtigsten Konstruktionen sind nicht chronologisch aufgezählt. «Nicht die primitivste Bauart steht am Anfang, die vollkommenste am Schluss, sondern die Situation der regionalen Bauweise und das Konstruktionssystem einzelner Baumeister und -gruppen zeichnen das Entwicklungsbild[9].»

Die Jochbrücke oder Balkenbrücke

Konstruktiv gesehen ist sie die einfachste Brücke. Als Joche bezeichnet man die Stützen, auf welchen die Balken der Fahrbahn ruhen. Mehrere nebeneinander eingerammte Pfähle, durch Gurten miteinander verbunden, bilden ein Joch. Eine der verkehrstechnisch und strategisch wichtigsten Jochbrücken war die 1226 vollendete Mittlere Brükke in Basel. Als berühmtestes noch erhaltenes Beispiel darf die um 1300 erbaute Kapellbrücke in Luzern angesehen werden. Im 14. Jahrhundert entstand in Rapperswil die längste Jochbrücke der Schweiz. Sie führte von einer Landzunge 1½ km über die Zürichsee-Enge und hatte 188 Joche. Die auf die Balken gelegten Querbretter waren nicht angenagelt, also bei Gefahr demontabel. Darin lag übrigens der grosse Vorteil dieser Konstruktionsart. Ein Übergang konnte schnell unterbro-

comme les premiers constructeurs de l'humanité; que Noé, le charpentier constructeur de l'arche, avait sauvé hommes et animaux des eaux; et que même Joseph, le père nourricier du fils de Dieu, aurait été charpentier. Chose intéressante, dans les traités importants et représentatifs du XVIIIe siècle, le fait que ce métier dépendait étroitement de la pratique était regardé comme une source de vertu. Christian Gottlob Reuss constatait par exemple dans l'avant-propos de ses directives sur la charpenterie paru en 1764, qu'il était certes paru beaucoup de livres traitant de l'architecture, mais que leurs développements circonstanciés et leurs représentations étaient souvent difficiles à comprendre. Il n'avait, quant à lui, rien cité qu'il ne fût «vraiment possible de réaliser». Les traités de charpenterie du XVIIIe siècle ne se contentaient d'ailleurs plus de vues d'ensemble. Avec une précision grandissante, ils présentaient des plans et des descriptions et montraient aussi des détails de construction, des éléments en bois démontés et les divers modes d'assemblage. Pas à pas, on peut suivre l'évolution qui conduit de l'ouvrage de prestige au manuel proprement dit. «The Carpenter's New Guide» de Peter Nicolson, réédité plusieurs fois à Londres au début du XIXe siècle et destiné aux charpentiers supposait déjà de solides connaissances sur la géométrie. Tout au long du XIXe siècle, on attendit des artisans qu'ils en sachent toujours plus et les exigences théoriques ne cessèrent d'augmenter. «Die Schule des Zimmermanns», le livre édité en 1855 par B. Harres, s'adressait aux «architectes et artisans du bâtiment» ainsi qu'aux «écoles techniques supérieures et professionnelles». Dans la deuxième édition de 1859 augmentée d'un précis sur la construction des ponts, Harres insistait sur le succès qu'avait eu son livre dans lesdites écoles.

Types de construction

Les principaux types de construction ne sont pas énumérés chronologiquement.

have more and more theoretical knowledge. The book 'Die Schule des Zimmermanns', published by B. Harres, was addressed to 'architects and building craftsmen' and 'vocational schools and schools of civil engineering'. In the second edition of 1859, which also included a comprehensive survey of bridge building, Harres emphasized in particular the success his book had enjoyed in these schools.

Types of structure

The most important structures are not listed chronologically. 'It is not the most primitive type of structure that stands at the beginning or the most elaborate at the end but the pattern of development is marked out by the situation in regional styles of building and the structural system used by individual master builders and groups[9].'

The pile bridge or beam bridge

This is structurally the simplest bridge. The piers are the supports on which the beams of the roadway rest. Several piles driven into the ground side by side and tied together form a pier. The Mittlere Brücke (Central Bridge) in Basle, completed in 1226, was one of the most important pile bridges from the strategic and transport point of view. The Kapellbrücke (Chapel Bridge) in Lucerne, built c. 1300, may be regarded as the most famous example still extant. The longest pile bridge in Switzerland was built at Rapperswil in the 14th century. Starting from a tongue of land it traversed the narrow part of the Lake of Zurich (1½ kilometres) on 188 piers. The plank covering on the beams was not nailed and could therefore be removed in case of danger. This was the great advantage of this type of structure. Passage could be readily denied without the whole supporting structure having to be destroyed. The Mittlere Brücke in Basle was partly dismantled for the last time in 1813 when the allied armies of Aus-

Abb. 7
Jochbrücke mit Zugbrücke im Festungsgraben eines Schlosses. Bildquelle: Belidor, Ingenieur-Wissenschaft, 1757, 4. Buch, Tafel 20.

Ill. 7
Pont sur pilotis avec pont levis, traversant le fossé d'un château. Dans: Belidor, Ingenieur-Wissenschaft, 1757, 4e livre, planche 20.

Fig. 7
Pile bridge with drawbridge over the ditch of a fortress. Source: Belidor, Ingenieur-Wissenschaft, 1757, vol. 4, plate 20.

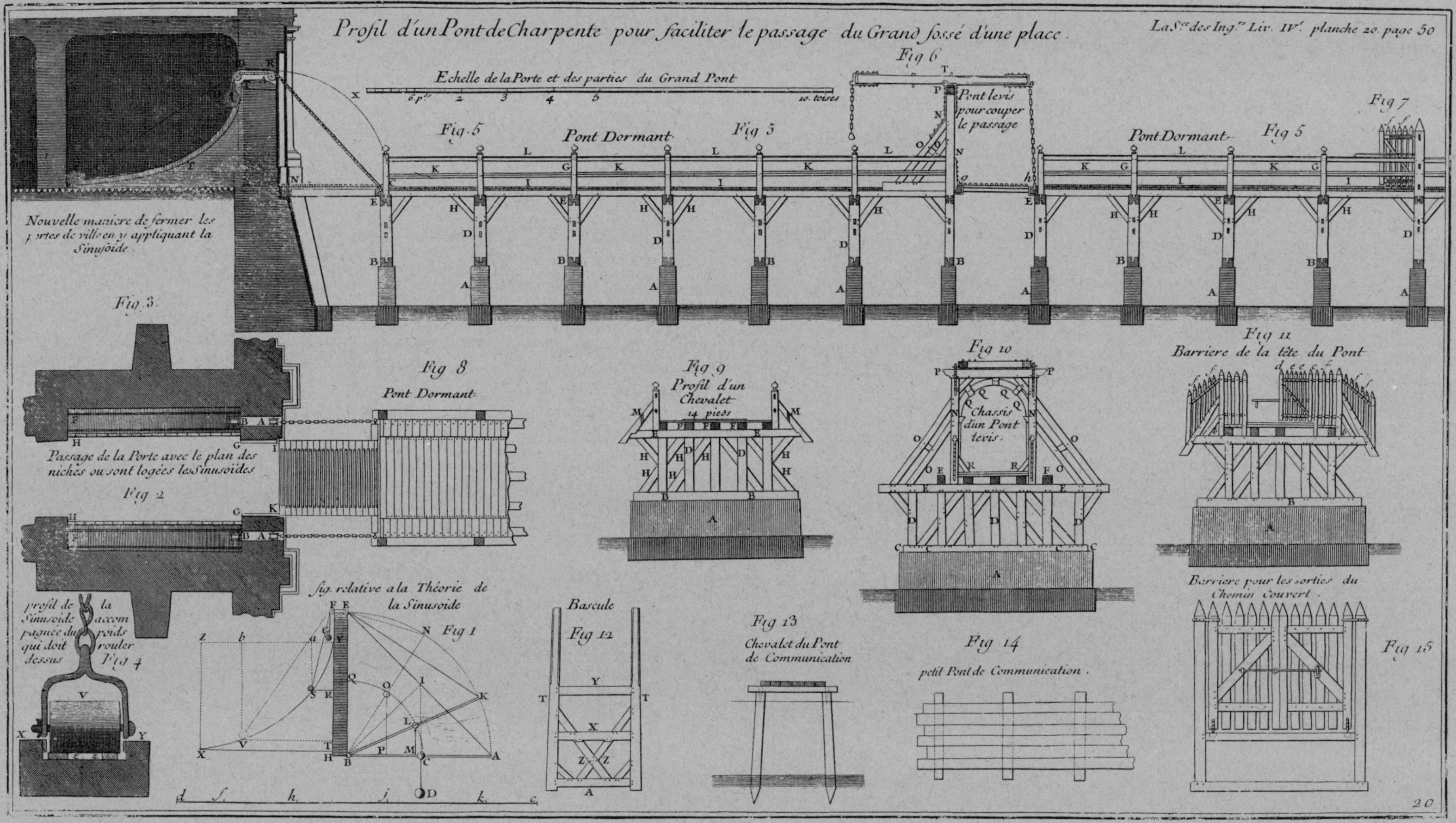

chen werden, ohne dass man das ganze Tragwerk zerstören musste. Die Mittlere Brücke in Basel wurde zuletzt 1813 teilweise abgetragen, als die verbündeten Heere Österreichs, Russlands und Preussens die schweizerische Neutralität verletzten. So war gewiss nicht nur «falsch verstandene Tradition» schuld daran, dass die vielfach ausgebesserte und verstärkte Mittlere Brücke erst 1903 einem Neubau weichen musste[10]. In «Belidors Ingenieur-Wissenschaft» (1757) wird die Jochbrücke wegen ihrer fortifikatorischen Vorteile empfohlen. Mit einer Zugbrücke versehen, eignete sie sich vor allem als Festungszugang über Gräben. Zur stärkeren Belastbarkeit der Fahrbahnbalken konnten Streben angeordnet werden. In Lehrbüchern der schweizerischen Genietrup-

Il n'y eut pas «au début le type de construction le plus primitif et à la fin le plus évolué et le plus parfait, mais une évolution témoignant de la situation et de la manière de construire propres à une région ainsi que de celles d'un architecte et d'un groupe d'architectes[9]».

Le pont constitué d'un simple rang de poutres pleines posées sur des pilotis

Au point de vue de sa construction, c'est le pont le plus simple. Les supports sur lesquels reposent les poutres du tablier sont des pilotis ou palées. Une palée est constituée de plusieurs poteaux ou pieux enfoncés en terre côte à côte et stabilisés par des pièces de bois transversales. Les poutres reliant les palées sont les longerons ou lon-

tria, Russia and Prussia infringed Swiss neutrality. It was therefore certainly not due to a 'misconception of tradition' that the Mittlere Brücke, after being improved and strengthened on many occasions, was not replaced by a new structure until 1903[10]. In Belidor's 'Ingenieur-Wissenschaft', 1757, the pile bridge is recommended because of its advantages for defence. Provided with a drawbridge it was particularly suitable as a means of spanning a ditch or moat to give access to a fortress. Struts could be fitted to increase the load-bearing capacity of the roadway beams. In the textbooks used by Swiss army engineers the pile or beam bridge is described as the most suitable form for the 'fluvial conditions in our country[11]'.

Abb. 8
Gedeckte Hängewerkbrücke.
Bildquelle: B. Harres, Die Schule des Zimmermanns, 2. Aufl., Teil II, 1861, S. 137.

Ill. 8
Pont couvert à ferme en arbalète.
Dans: B. Harres, Die Schule des Zimmermanns, 2e éd., tome II, 1861, p. 137.

Fig. 8
Covered hanging truss bridge.
Source: B. Harres, Die Schule des Zimmermanns, 2nd ed., part II, 1861, p. 137.

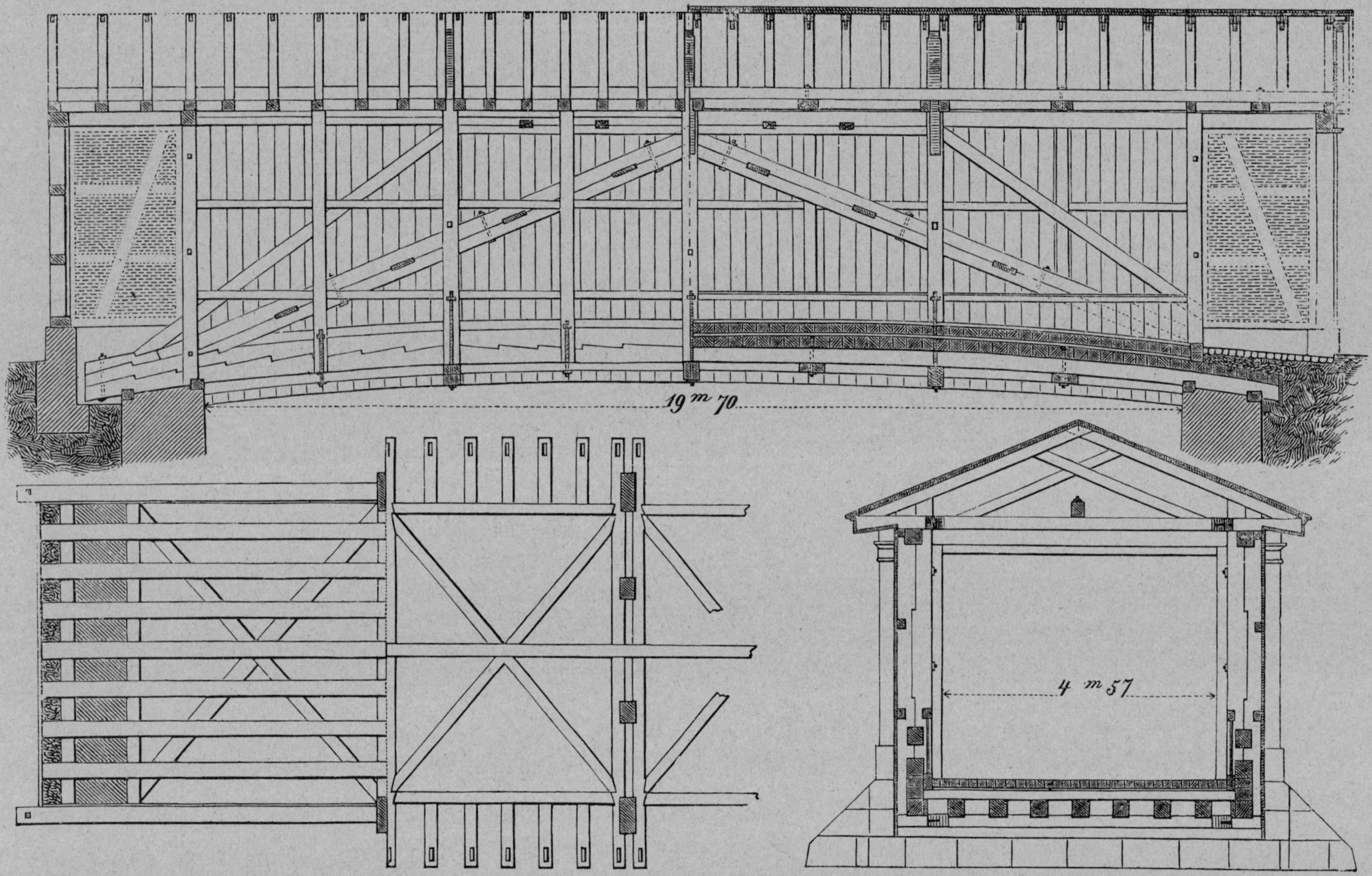

pen wird die Joch- oder Bockbrücke als die geeignetste Form «für die Flussverhältnisse unseres Landes» bezeichnet[11].

Unterschied zwischen Sprengwerk- und Hängewerkbrücke

Lehrbücher und Praxis zeigen, dass meistens verschiedene Konstruktionsarten zusammengefasst werden. Streben führen nicht nur zu einer Verstärkung der Brücke, sondern ermöglichen auch einen grösseren Abstand der Joche. Beim einfachsten Sprengwerksystem unterstützen die Streben unmittelbar die Fahrbahnbalken. Eine weitere be-

grines. La Mittlere Brücke de Bâle, achevée en 1226, fut l'un des plus importants ponts de ce type, tant par la manière de résoudre un problème de transport que pour sa position stratégique. Autre exemple célèbre encore debout: la Kapellbrücke de Lucerne, construite vers 1300. C'est au XIVe siècle que l'on construisit à Rapperswil le plus long pont de Suisse: partant d'une langue de terre, il traversait le lac de Zurich en son point le plus étroit; il comptait 188 pilotis pour une longueur de 1½ km. Les fortes planches du tablier posées en travers des longerons n'étaient pas clouées et pouvaient donc être retirées en cas de danger. C'était

Distinction between the trussed and hanging truss bridge

Textbooks and practice show that different types of structure are usually combined. The use of struts not only serves to strengthen the bridge but also makes it possible to space the piers more widely. In the simplest truss system (Sprengwerk*) the struts afford immediate support to the beams of the roadway. The bridge is also considera-

* Translator's note: There is no equivalent technical term in English for the German word 'Sprengwerk'. Essentially it involves a truss or structure arranged beneath the horizontal beam and supporting it at one or two points.

Abb. 9
Sprengwerkbrücke.
Bildquelle: wie Abb. 8, S. 154.

Ill. 9
Pont à contre-fiches.
Dans: idem Ill. 8, p. 154.

Fig. 9
Trussed bridge.
Source: as Fig. 8, p. 154.

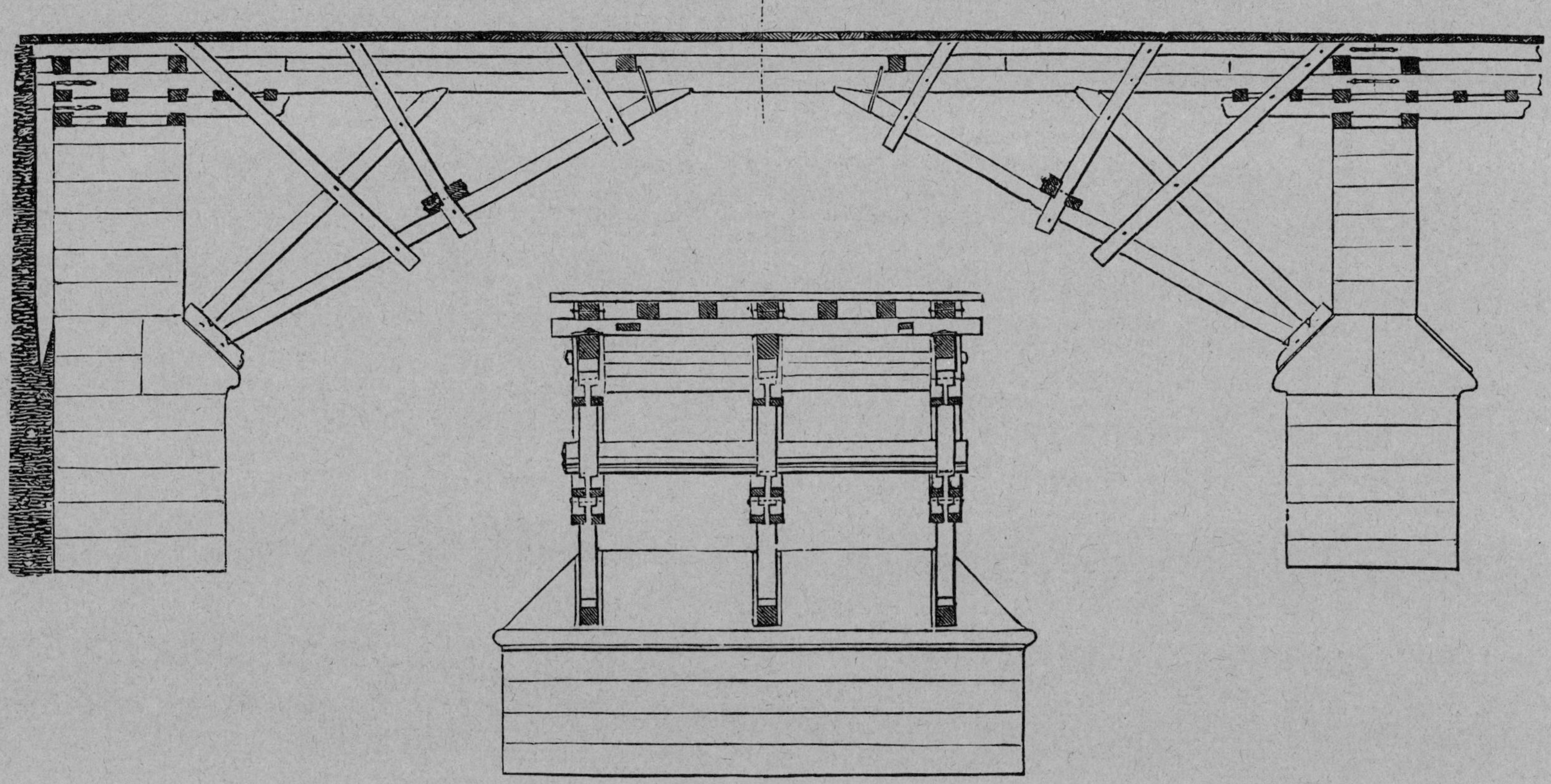

deutende Verstärkung erfährt die Brükke, wenn sich die Streben gegen Spannriegel stemmen. Schliessen sich mehrere Streben aneinander, sprechen wir von Stabpolygon. Für Spannweiten von 15 bis 18 m und 4 bis 5 m Fahrbahnbreite wurde bei normalem Strassenverkehr bis zur Mitte des 19. Jahrhunderts die einfache Sprengwerkbrükke mit Spannriegel vorgeschlagen. Bei grösseren Spannweiten empfahl man das Stabpolygon. Die Streben mit Spannriegel, oder das Stabpolygon, können unter oder über der Fahrbahn angeordnet werden. Liegt die Tragkonstruktion unter der Fahrbahn, handelt es sich um ein Sprengwerk, das Drucklasten übernehmen muss. Befindet sich die Tragkonstruktion über der Fahrbahn, ist es ein überhöhtes Sprengwerk oder Hängewerk, das primär durch Zugkräfte beansprucht wird.

d'ailleurs là le grand avantage de ce type de construction. Il était possible de couper rapidement une voie de communication sans qu'il soit nécessaire de démolir tout l'appareil porteur. C'est ainsi que la Mittlere Brücke de Bâle fut en partie démontée pour la dernière fois en 1813, lorsque les armées alliées d'Autriche, de Russie et de Prusse violèrent la neutralité suisse. Ce n'est donc sûrement pas à une «tradition mal comprise» que ce pont, réparé et consolidé à plusieurs reprises, dut d'avoir été utilisé jusqu'à une date relativement récente, puisqu'il fit place à une construction nouvelle en 1903 seulement[10]. En 1757, «Belidors Ingenieur-Wissenschaft» recommandait le pont fait de simples poutres pleines posées sur des pilotis pour ses avantages techniques analogues à ceux des ouvrages de défense militaire. Combiné avec un pont-levis, il devenait une voie d'accès fortifiée convenant parfaitement pour franchir des fossés. Afin de permettre le

bly reinforced if the struts are braced with tie beams. If several struts are connected up, we speak of a 'polygonal strutted frame', which may be termed a multiple (hanging) truss. For spans of 15–18 m (49–59 ft) and a roadway of 5 m (16½ ft) the simple trussed bridge with a tie beam was proposed for normal road traffic until the mid-19th century. For longer spans the polygonal strutted frame was recommended. The struts with a tie beam, or the polygonal strutted frame, can be arranged below or above the roadway. If the supporting structure is under the roadway, the truss must bear a compressive load; if it is above the roadway it is primarily tensile stresses that it must take.

Abb. 10
Spreng- / Hängewerkbrücke oder «Schweizerische Sprengwerkbrücke» über das Martinstobel zwischen St. Gallen und Heiden, 1468 erbaut und 1877 abgetragen.
Bildquelle: S. Bavier, Die Strassen der Schweiz, 1878, Tafel 9.

Ill. 10
Pont à ferme en arbalète et contre-fiches, ou «pont à contre-fiches suisse», sur le Martinstobel, entre St-Gall et Heiden, construit en 1468 et démoli en 1877.
Dans: S. Bavier, Die Strassen der Schweiz, 1878, planche 9.

Fig. 10
Composite truss frame bridge or 'Swiss trussed bridge' over the Martinstobel between St Gall and Heiden, built 1468 and demolished 1877.
Source: S. Bavier, Die Strassen der Schweiz, 1878, plate 9.

Spreng- / Hängewerkbrücke oder Schweizerische Sprengwerkbrücke

Selten werden wir eine reine Sprengwerk- oder Hängewerkbrücke vorfinden. Durch geschickte Kombination beider Konstruktionsarten lassen sich Spannweiten von über 30 m erzielen. Schweizer Zimmerleute wurden darin als wahre Meister angesehen, wenn es darum ging, tiefe Schluchten der Gebirgstäler stützenlos zu überbrücken. Oskar Mothes bezeichnet deshalb in seinem «Illustrierten Baulexikon» (4. Aufl., 1881) unter dem Stichwort «Brücken» die Spreng- / Hängewerkbrücke als «Schweizerische Sprengwerkbrücke». Mehrfache Streben-Spannriegel-Züge vereinten sich zu stabilen Tragwerken mit hoher Steifigkeit, in denen sich die

passage de charges roulantes plus importantes, on pouvait soulager les longerons au moyen de pièces secondaires obliques disposées par en dessous, les contre-fiches. Dans les manuels d'instruction militaire destinés aux troupes du génie en Suisse, ce type de pont ou pont sur chevalet est qualifié de «forme de pont la mieux adaptée aux cours d'eau de notre pays[11]».

De l'ouvrage à contre-fiches à la ferme en arbalète

Traités et pratique montrent que les différents types de construction ne sont le plus souvent pas utilisés seuls, mais associés. Les contre-fiches ne se contentent pas de renforcer le pont, elles permettent aussi d'augmenter la distance

Composite truss frame bridge

It is rare to find a pure trussed or hanging truss bridge. Spans of more than 30 m (98 ft) can be achieved by a skilful combination of the two types of structure. Swiss carpenters were regarded as true masters of their craft when it was a question of bridging deep gorges in mountain valleys without piers. For this reason, writing in his 'Illustriertes Baulexikon' (4th ed., 1881) under the keyword 'Bridges', Oskar Mothes refers to the composite truss frame bridge as the 'Swiss trussed bridge'. Compound arrangements of struts and tie beams formed stable supporting structures of high rigidity in which forces were evenly distributed. According to Killer the composite truss

Abb. 11
Stabpolygon und Bogenbrücke über das Versammer-Tobel in Graubünden, 1828 erbaut.
Bildquelle: wie Abb. 10, Tafel 17.

Ill. 11
Segment de polygone et arc, pont sur le Versammer-Tobel, Grisons, construit en 1828.
Dans: idem Ill. 10, planche 17.

Fig. 11
Bridge combining an arched structure and polygonal strutted frame over the Versammer-Tobel in the Grisons, built 1828.
Source: as Fig. 10, plate 17.

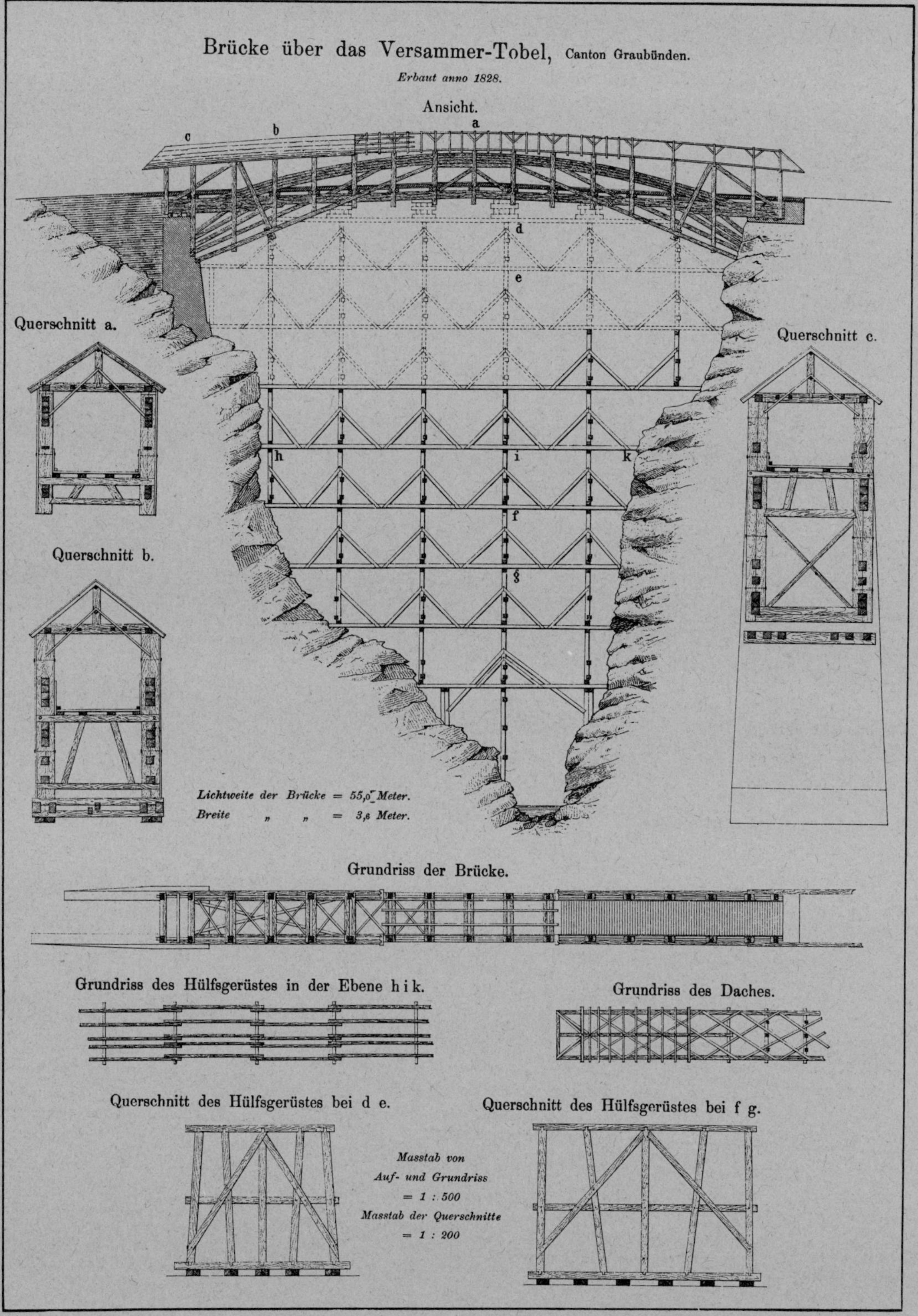

Kräfte gleichmässig verteilten.
Nach Killer verbreitete sich in der Schweiz die Spreng-/Hängewerkbrücke vom späten 15. Jahrhundert an[12]. Dazu bemerkt Harres: «Die älteren Strassenbrücken der Schweiz galten lange, ihrer soliden Construction wegen, als Muster von Häng- und Sprengwerkbrücken... für deren Dauer durch Überdachung und eine äussere Bretterverkleidung der Tragrippen gesorgt war[13].» Die 1804 vollendete Brücke in Olten ist eine Kombination von Joch und Spreng-/Hängewerk. Blasius Balteschwiler begnügte sich auf Wunsch der Behörden mit Spannweiten von rund 19 m und ordnete drei Holzjoche an. Die Einschaltung von Jochen resultiert wieder aus der Überlegung, dass bei Kriegsgefahr eine Brücke mit grosser Spannweite schwieriger abzutragen ist beziehungsweise ganz zerstört werden muss. Gerade die weit gespannten berühmten Brücken des 18. Jahrhunderts wurden 1799 von den Franzosen zerstört. Deshalb bevorzugte man in der politisch unruhigen Zeit um 1800 Joch- und Notbrücken.

Bogenbrücken

Zur Vergrösserung der Spannweiten wandelten die Baumeister Grubenmann in der Mitte des 18. Jahrhunderts das Stabpolygon zum Bogen. Dieser Übergang ist sehr gut bei der heute noch bestehenden Brücke in Oberglatt zu beobachten. Johannes Grubenmann verwendete für diese 28 m weite, 1766/67 erbaute Brücke ein Stabpolygonsystem aus teilweise gekrümmten Streben, die bei jeder Hängesäule gestossen sind. Sein Bruder Hans Ulrich Grubenmann wählte zur gleichen Zeit für die Brücke in Wettingen mit 61 m Spannweite als Tragkonstruktion je sieben gebogene, übereinandergelegte, verzahnte und verbolzte Kanthölzer. Eine sehr ähnliche Brücke mit 46 m Stützweite baute 1794 Kaspar Josef Ritter über die Reuss bei Mellingen. Die je acht übereinandergelegten Kanthölzer waren aber nicht miteinander verzahnt. Grubenmanns Brücke verbrannte

entre les pilotis. On peut agrandir les pièces obliques pour qu'elles se rencontrent directement sous les longerons qu'elles sont chargées de soutenir. Ce système en forme de triangle isocèle sans base est un ouvrage à contre-fiches. On peut renforcer encore le pont en écartant les contre-fiches et en coinçant un sous-longeron entre leurs extrémités supérieures. Ce système en forme de trapèze sans base est un ouvrage à doubles contre-fiches. De même, plusieurs paires de contre-fiches peuvent être disposées en faisceau avec leurs sous-longerons respectifs. C'est un ouvrage à multiples contre-fiches. Plusieurs contre-fiches mises bout à bout de part et d'autre du sous-longeron peuvent constituer un ouvrage en forme de polygone. Jusqu'au milieu du XIXe siècle, pour des portées de 15 à 18 m et une chaussée de 4 à 5 m de large destinée à supporter un trafic normal, on recommandait les doubles contre-fiches. Pour des portées plus grandes, on conseillait le polygone. L'appareil porteur peut être placé soit au-dessous, soit au-dessus du tablier. Quand il est en dessous, il s'agit d'un ouvrage qui doit supporter les charges, et donc travaille à la compression. Quand il est en dessus, il s'agit d'une ferme surélevée en forme d'arbalète, à laquelle est suspendu le tablier du pont, et qui est sollicitée surtout à la traction.

Les «ponts à contre-fiches suisses»

Nous trouverons rarement un pur exemple d'ouvrage à contre-fiches ou de ferme en arbalète. Une combinaison habile des deux types de construction permet d'atteindre des portées de plus de 30 m. Les charpentiers suisses étaient passés maîtres dans l'art de jeter des ponts sans piliers intermédiaires sur les gorges profondes des vallées de montagne. C'est pourquoi Oscar Mothes, dans son «Illustriertes Baulexikon» (4e éd., 1881), à l'article «pont», qualifie le pont combinant l'ouvrage à multiples contre-fiches avec la ferme en arbalète de pont à poutres suisse. Plusieurs cours d'arbalétriers en faisceau mainte-

frame bridge became widely adopted in Switzerland from the late 15th century onwards[12]. On this point Harres remarks: 'Because of their sturdy construction, the older road bridges of Switzerland were for a long time regarded as models of composite truss frame bridges ... their long life being ensured by the roof cover and the weatherboarding over the load-bearing members[13].' The bridge in Olten, completed in 1804, is a combination of piers and a hanging truss structure. At the request of the authorities Blasius Balteschwiler made do with spans of about 19 m (62 ft) and arranged for three wooden piers. The use of piers was again dictated by the fact that, in wartime, a bridge with a wide span is difficult to remove and, in default, must be destroyed completely. It was precisely the famous wide-spanned bridges of the 18th century which were destroyed by the French. For this reason preference was shown for pile and emergency bridges during the politically disturbed times round 1800.

Arched bridges

In the mid-18th century master builder Grubenmann transformed the polygonal strutted frame into the arch. This transition can be seen clearly in the bridge still standing at Oberglatt. For this bridge, built in 1766/67 with a span of 28 m (92 ft), Johannes Grubenmann used a polygon system of partly curved struts which form a butt joint with each truss post. For the bridge at Wettingen, his brother Hans Ulrich Grubenmann chose as a supporting structure seven curved baulks which were indented, set over each other and bolted in position. A very similar bridge was built in 1794 by Kaspar Josef Ritter over the Reuss at Mellingen with a span between supports of 46 m (150 ft). However, the two lots of superimposed baulks were not interlocked. Grubenmann's bridge was burnt down in 1799 and Ritter's bridge was damaged by the French in 1798. It was given a central pier and finally had to be pulled down in 1927[14].

Abb. 12
Lamellenbogenbrücke.
Bildquelle: wie Abb. 8, S. 173.

Ill. 12
Pont à arc lamellé.
Dans: idem Ill. 8, p. 173.

Fig. 12
Laminated arch bridge.
Source: as Fig. 8, p. 173.

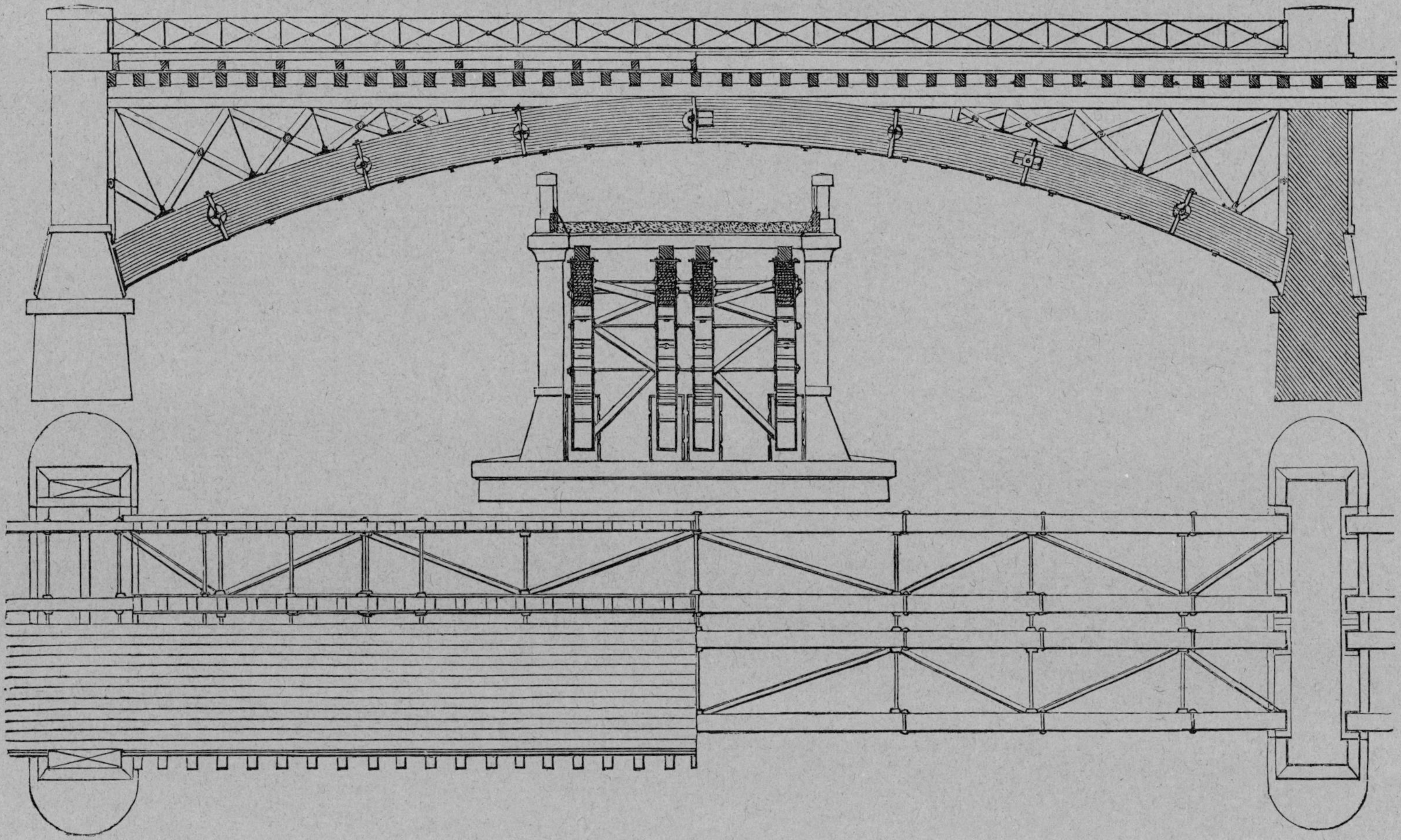

1799, und die Brücke von Ritter wurde von den Franzosen 1798 beschädigt. Sie erhielt eine Mittelstütze und musste 1927 abgetragen werden[14].
Welche Vorbilder hatten die beiden Zimmermeister? Bögen aus verzahnten Hölzern waren zumindest seit der Renaissance bekannt und hatten wohl antike Vorgänger. Wenn wir aber die ausgeklügelten Bogenrippenkonstruktionen von Architekt Philibert Delorme aus der Mitte des 17. Jahrhunderts näher betrachten, erkennen wir, dass es sich hier gar nicht um gebogene Hölzer handelt. Vielmehr um kurze in Bogenform geschnittene zusammengesetzte Bohlen. Mit versetzten Stossfugen ergaben die in- und übereinandergreifenden sowie zusammengehaltenen Bohlen ein

nus écartés par une traverse d'appui s'unissaient pour former des charpentes stables et rigides dans lesquelles les forces se répartissaient régulièrement. D'après Killer, ce type de pont s'est répandu en Suisse à partir de la fin du XVe siècle[12]. Harres remarque à ce sujet: « Les anciens ponts routiers de Suisse furent longtemps considérés comme des modèles ... à cause de la solidité de leur construction ... et l'on veillait à ce qu'ils durent longtemps en les recouvrant d'un toit et en garnissant leur extérieur de planches[13]. » Le pont de Olten, achevé en 1804, en est un exemple. A la demande des autorités, Blasius Balteschwiler se contenta de portées d'environ 19 m et ordonna trois palées intermédiaires. Pourquoi cela?

On what models did the two master carpenters base their work? Arches of indented timbers had been known at least since the Renaissance and it is likely that there were predecessors in antiquity. However, if we examine the ingenious arched rib constructions of architect Philibert Delorme from the mid-17th century more closely, we see that these are not curved timbers at all. They are in fact short planks, cut in an arcuate form, and fitted together. With staggered butt joints the planks overlap and interlock and are also nailed together and thus produce a truss of great rigidity. Grubenmann and Ritter, on the other hand, used mechanically bent baulks. They anticipated a form of construction which, in the 19th century,

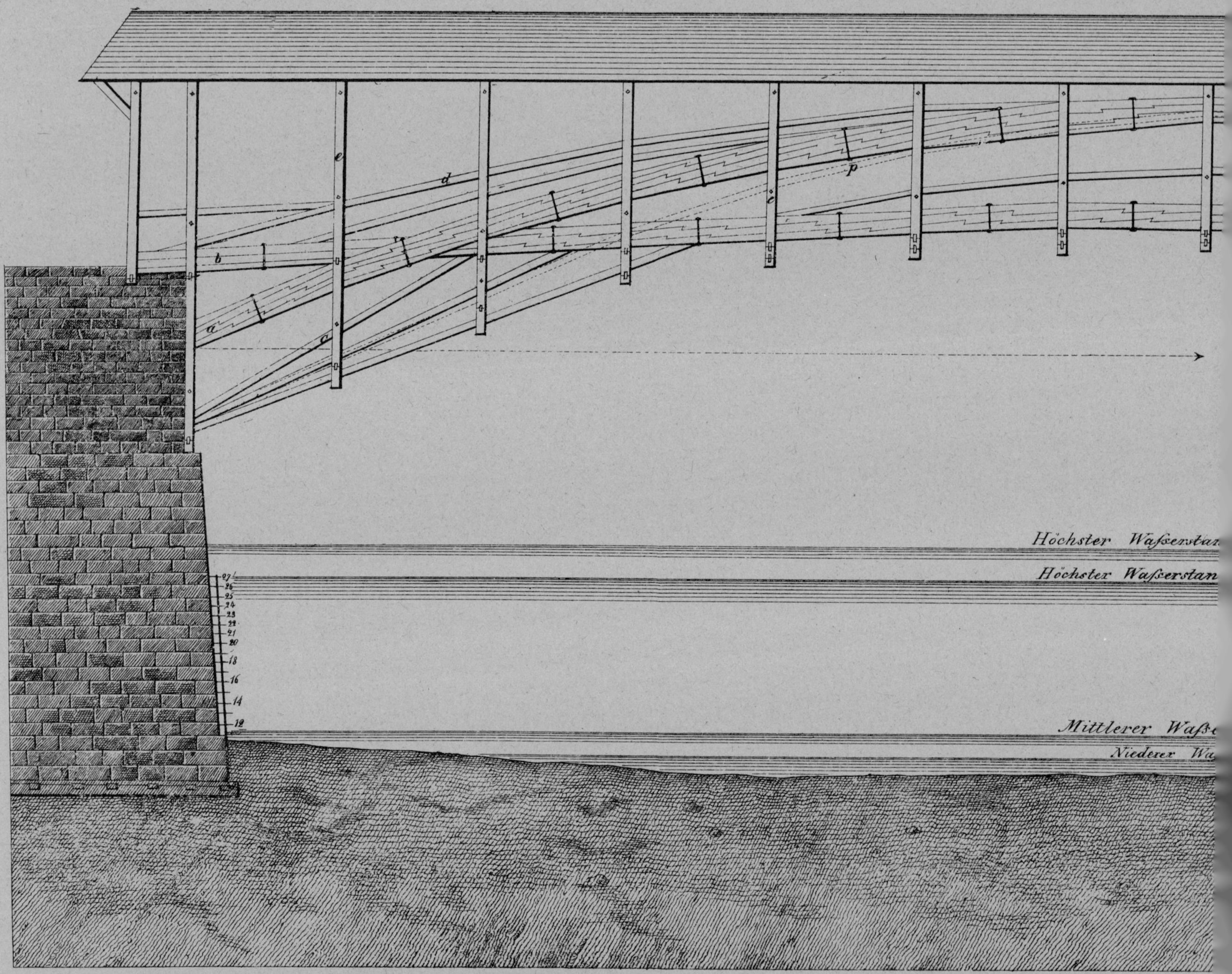

d
e
b
a
c
p
Höchster Waßerstan
Höchster Waßerstan
Mittlerer Waß
Niederer Wa

Abb. 13 und 14
1757 erstellte Hans Ulrich Grubenmann die Reichenauer Brücken, welche zu den bekanntesten Sehenswürdigkeiten der Schweiz gehörten. Sie verbrannten 1799. Die nachfolgende Rheinbrücke der Strasse von Reichenau nach Domat/Ems wurde 1817 weggeschwemmt. Es folgte nun die

Ill. 13 et 14
C'est en 1757 que Hans Ulrich Grubenmann érigea les ponts de Reichenau, lesquels comptaient parmi les curiosités les plus connues de Suisse. Ils brûlèrent en 1799. Le pont qui les remplaça sur la route de Reichenau à Domat/Ems fut emporté par une crue en 1817. Suivit la

Figs 13 and 14
In 1757 Hans Ulrich Grubenmann built the Reichenau bridges, which became one of the most famous 'sights' in Switzerland. They burned down in 1799. The bridge that was then built to carry the road from Reichenau to Domat/Ems was swept away in 1817. It was replaced by the construction

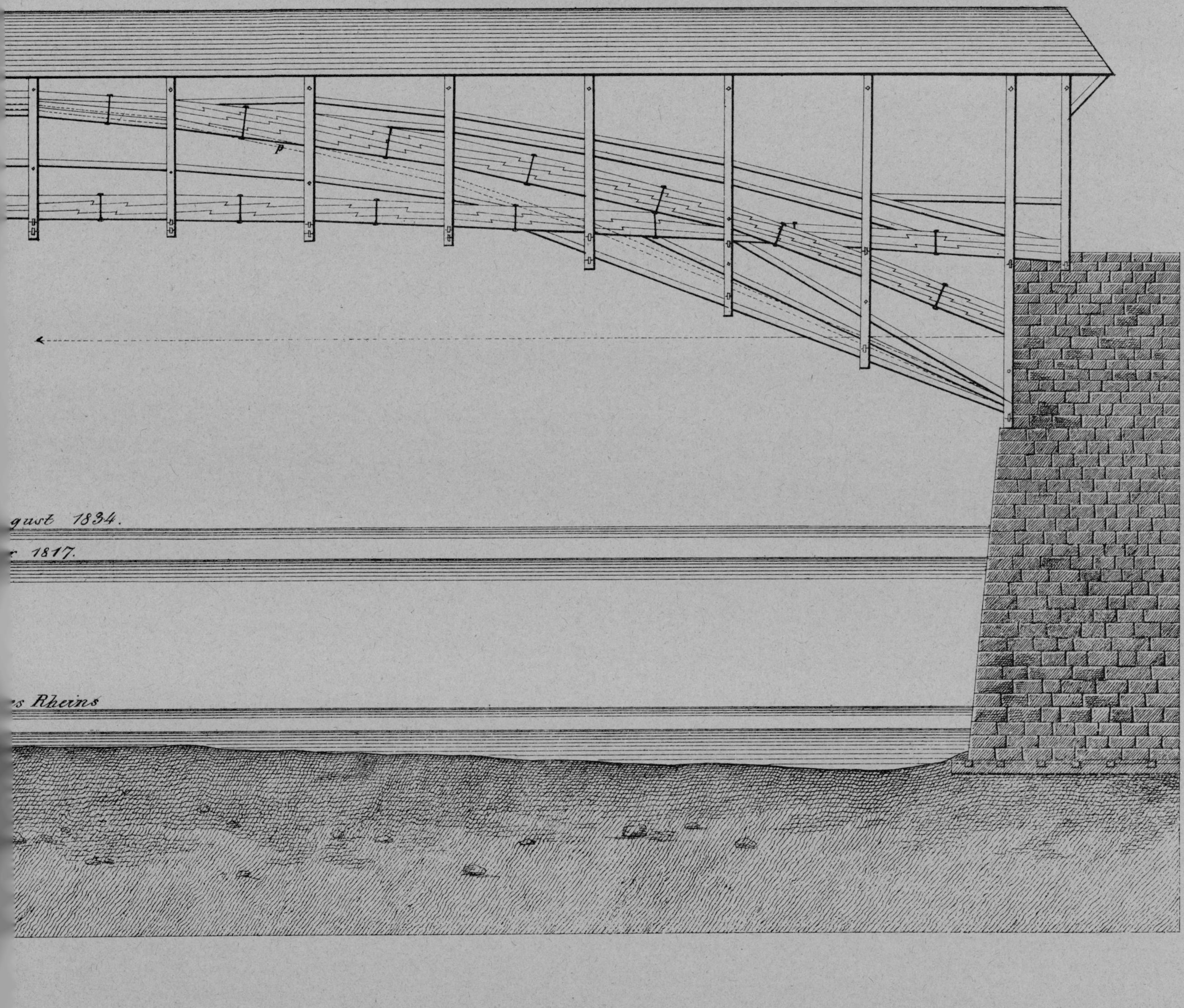

hier abgebildete Konstruktion. Der kühne, 67 m weite Wiebekingsche Bogen bestand aus Lärchenholz. Diese Brücke fiel 1880 einem Brand zum Opfer und wurde durch eine Eisenkonstruktion ersetzt.
Bildquelle: Zeitschrift über das gesammte Bauwesen, von C. F. von Ehrenberg, 4, Bd., 7. Heft, 1840.

construction représentée ici. L'audacieux arc de 67 m est en bois de mélèze. Ce pont fut détruit par un incendie en 1880 et remplacé par une construction de fer.
Dans: Zeitschrift über das gesammte Bauwesen, par C. F. von Ehrenberg, tome 4, 7ᵉ cahier, 1840.

shown here. The boldly designed Wiebeking arch spanning 67 m (220 ft) was made of larch. This bridge was destroyed by fire in 1880 and was replaced by an iron construction.
Source: Zeitschrift über das gesammte Bauwesen, by C. F. von Ehrenberg, vol. 4, fasc. 7, 1840.

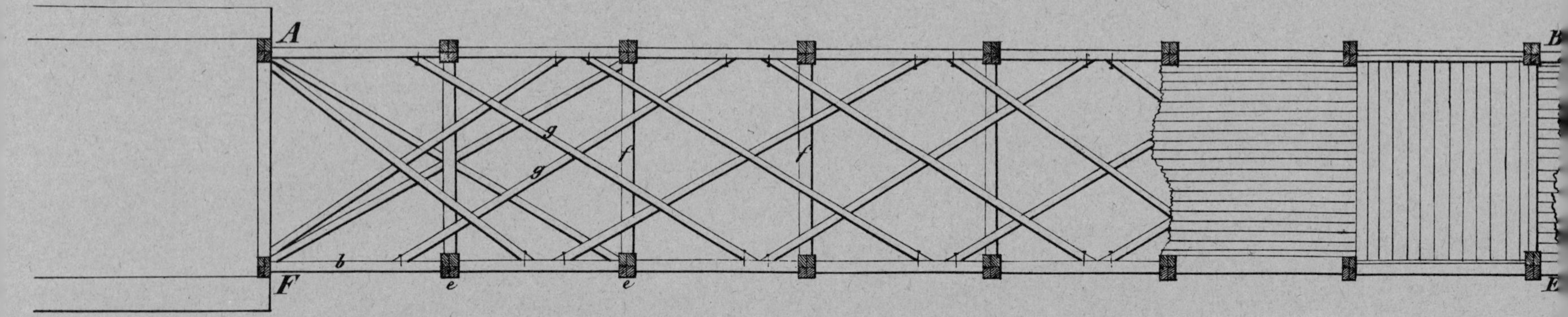

SITUATIONSPLAN DER BRÜCKE BEI REICHENAU.

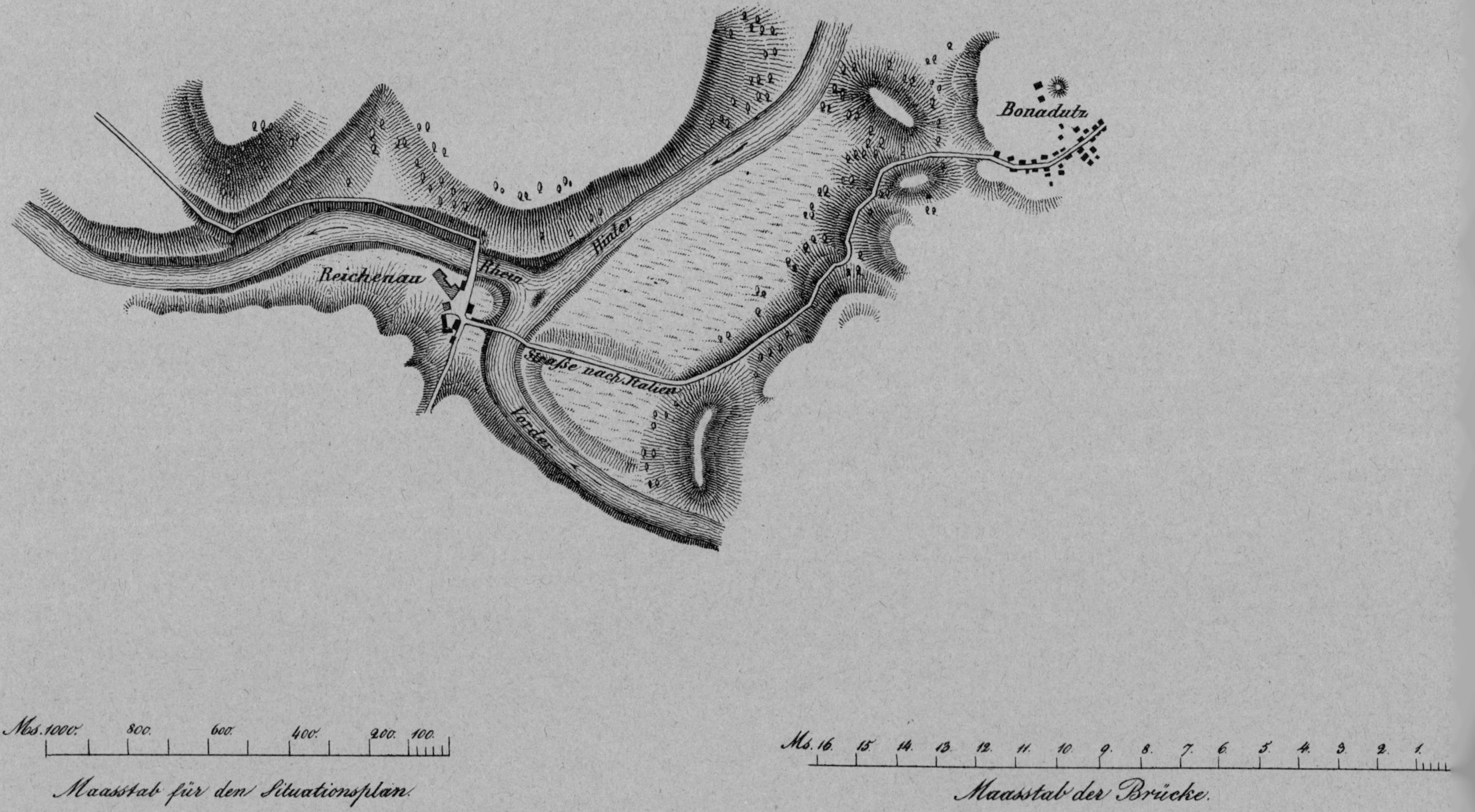

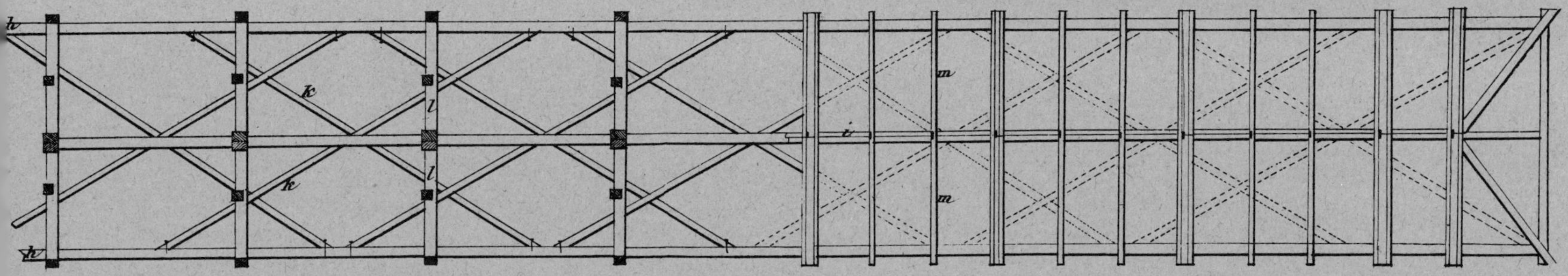

AF. QUERSCHNITT

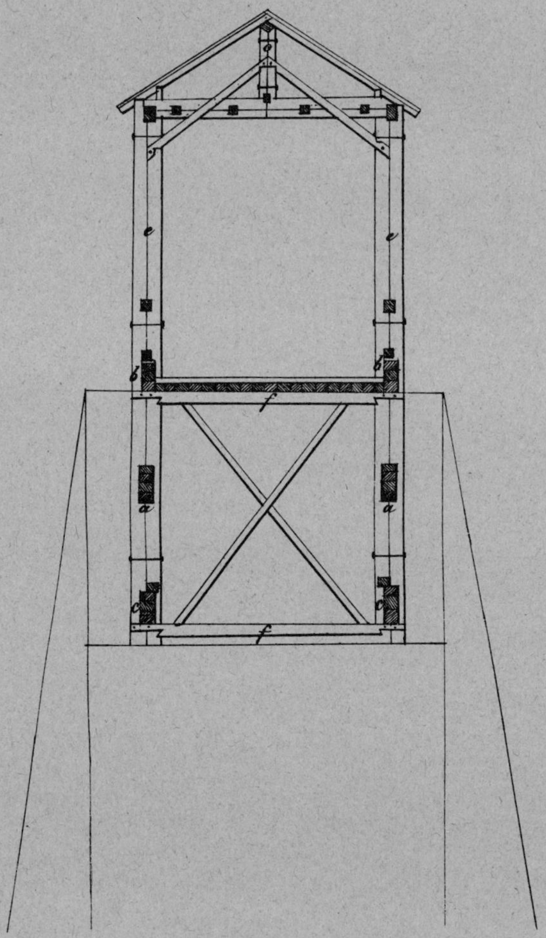

QUERSCHNITT, BE

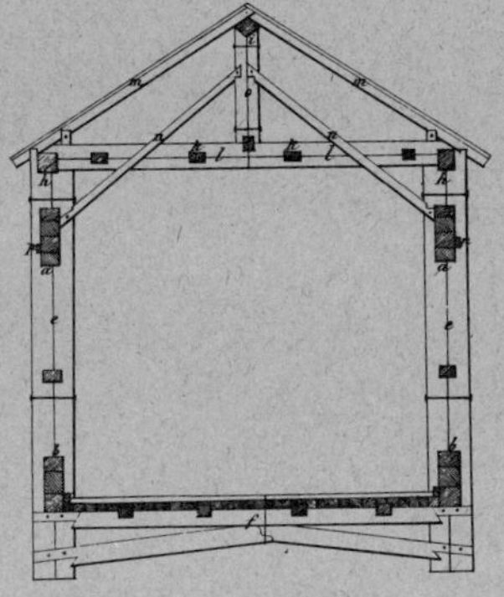

Sprengwerk mit grosser Steifigkeit. Grubenmann und Ritter verwendeten aber mechanisch gebogene Kanthölzer. Sie nahmen eine Konstruktionsart vorweg, welche im 19. Jahrhundert unter den Namen System Emy, Gauthey und Wiebeking weiterentwickelt wurde. Bei allen diesen Systemen liegen die Hölzer nicht wie bei Delorme hochkantig nebeneinander, sondern übereinander. Statt schwerer Kanthölzer verwendeten sie nun lange, flache, gebogene und miteinander verbolzte Lamellen. Den Vorteil sah man im Verzicht auf schwere Bauhölzer. Trotz relativ geringem Eigengewicht hatten diese Bogenbrücken eine grosse Tragfähigkeit, sie waren sogar für den Eisenbahnbau geeignet. Die eigentliche Heimat der neuen Konstruktionsart wurde Nordamerika.

Nordamerikanische Brücken

Als «Nordamerikanische Brücken» bezeichnete man nicht nur die aus gebogenen Lamellen erstellten Brücken, sondern auch die aus Brettern gefügten Fachwerkbrücken. Die Bretter verlangten ein engmaschiges Fachwerk, so dass man von Gitter- oder Lattenbrükken sprach. Die Gitterwerke wurden oft durch Zugstangen ergänzt und mit Lamellenbögen kombiniert. Kennzeichnend für den Begriff «Nordamerikanische Brücke» war also die rasche und billige Erstellung. In der Schweiz, Deutschland und Österreich zeigte man den Lamellenbogenbrücken, Gitterbrükken und ihren Varianten gegenüber eine gewisse Zurückhaltung. Die geringe Dauerhaftigkeit wurde kritisiert. In die Fugen der unmittelbar aufeinanderliegenden Lamellen konnte leicht Wasser eindringen, die Feuchtigkeit staute sich, und die Schadstellen waren nur schwer zu erkennen. Auch die Gitterwerke hatten viele Angriffsstellen. Die «Allgemeine Bauzeitung» schrieb 1845, dass die Wahl von billigem Bauholz zum «Leichtsinn» verführe. Trotzdem wurde gerade in diesem Artikel die «Kühnheit» der nordamerikanischen Holzbrücken bewundert[15].
Der Zürcher Architekt Ferdinand Stadler

Parce qu'on pensait — une fois de plus — qu'en cas de menace de guerre, un grand pont sans appui intermédiaire serait plus difficile à démonter, voire qu'il pourrait devoir être entièrement détruit. Les célèbres ponts à très grande portée du XVIIIe siècle furent d'ailleurs précisément ceux que détruisirent ou incendièrent les Français en 1799. D'où, pendant la période politiquement trouble autour des années 1800, une préférence marquée pour les ponts à travées courtes et les ponts de fortune.

Ponts à arcs en bois

Afin d'augmenter la portée de leurs ponts, les maîtres d'œuvre de la famille Grubenmann passèrent vers le milieu du XVIIIe siècle de la ferme multiple en polygone à l'arc. Le pont qui existe encore à Oberglatt permet de suivre cette évolution. Pour ce pont de 28 m, Johann Grubenmann a utilisé un système à arbalétriers partiellement courbés raboutés à la hauteur de chacun des poinçons soutenant le tablier. A la même époque, son frère, Hans Ulrich Grubenmann, choisit pour l'arc porteur de 61 m de portée sept pièces de bois équarries cintrées qu'il fixa les unes aux autres en superposant et assemblant leurs extrémités endentées, et en les boulonnant. En 1794, Kaspar Josef Ritter construisit à Mellingen un pont dont la distance entre les appuis mesurait 46 m et qui ressemblait beaucoup au précédent, si ce n'est que les extrémités des bois n'étaient pas endentées. Le pont de Grubenmann à Wettingen brûla en 1799. Celui de Ritter sur la Reuss fut endommagé par les Français en 1798; on lui ajouta un pilier central; il fallut le démolir en 1927[14].
De quels modèles les deux maîtres-charpentiers se sont-ils inspirés? On connaissait les arcs en bois composés d'éléments assemblés en dents de scie au moins depuis la Renaissance, et peut-être même depuis l'Antiquité. Mais quand nous regardons de près les poutres des savantes charpentes en berceau de l'architecte Philibert Delorme, exécutées au milieu du XVIIe siècle,

was further developed under the name of the Emy, Gauthey and Wiebeking system. In all these systems the timbers did not lie edgewise next to each other as in Delorme's design but on top of each other. Instead of heavy baulks use was made of long, flat bent laminas which were bolted together. The advantage offered was the possibility of dispensing with heavy structural timbers. Although they were themselves of light weight, these arched bridges had a great load-bearing capacity and were even suitable for carrying railways. The actual home of this new form of construction was North America.

North American bridges

By 'North American bridges' we mean not only bridges built of bent laminas but also framework bridges composed of planks. The planks called for a close-meshed lattice and consequently they were referred to as lattice truss bridges. The lattice was often strengthened with tension rods and combined with laminated arches. The concept of the 'North American bridge' was therefore characterized by rapid and inexpensive erection. In Switzerland, Germany and Austria laminated arch and lattice truss bridges and their variants were viewed with a certain reserve. They were said to lack durability. Water could easily penetrate into the joints of the directly superimposed laminas, the moisture accumulated, and it was difficult to identify the defects. Lattice truss bridges were also vulnerable at many points. The 'Allgemeine Bauzeitung' wrote in 1845 that the choice of cheap timber was a temptation to 'thoughtlessness'. Yet, in the very same article, admiration was expressed for the 'boldness' of the North American wooden bridges[15].
The Zurich architect Ferdinand Stadler presented to the Gesellschaft Schweizerischer Ingenieure und Architekten in 1848 his own projects for bridges on North American models. They were intended for the Schweizerische Nordbahn but were not executed

Abb. 15
Fachwerkbrücke oder «Nordamerikanische Brücke».
Bildquelle: wie Abb. 8, S. 191.

Ill. 15
Pont en treillis ou «pont américain».
Dans: idem Ill. 8, p. 191.

Fig. 15
Lattice truss bridge or 'North American bridge'.
Source: as Fig. 8, p. 191.

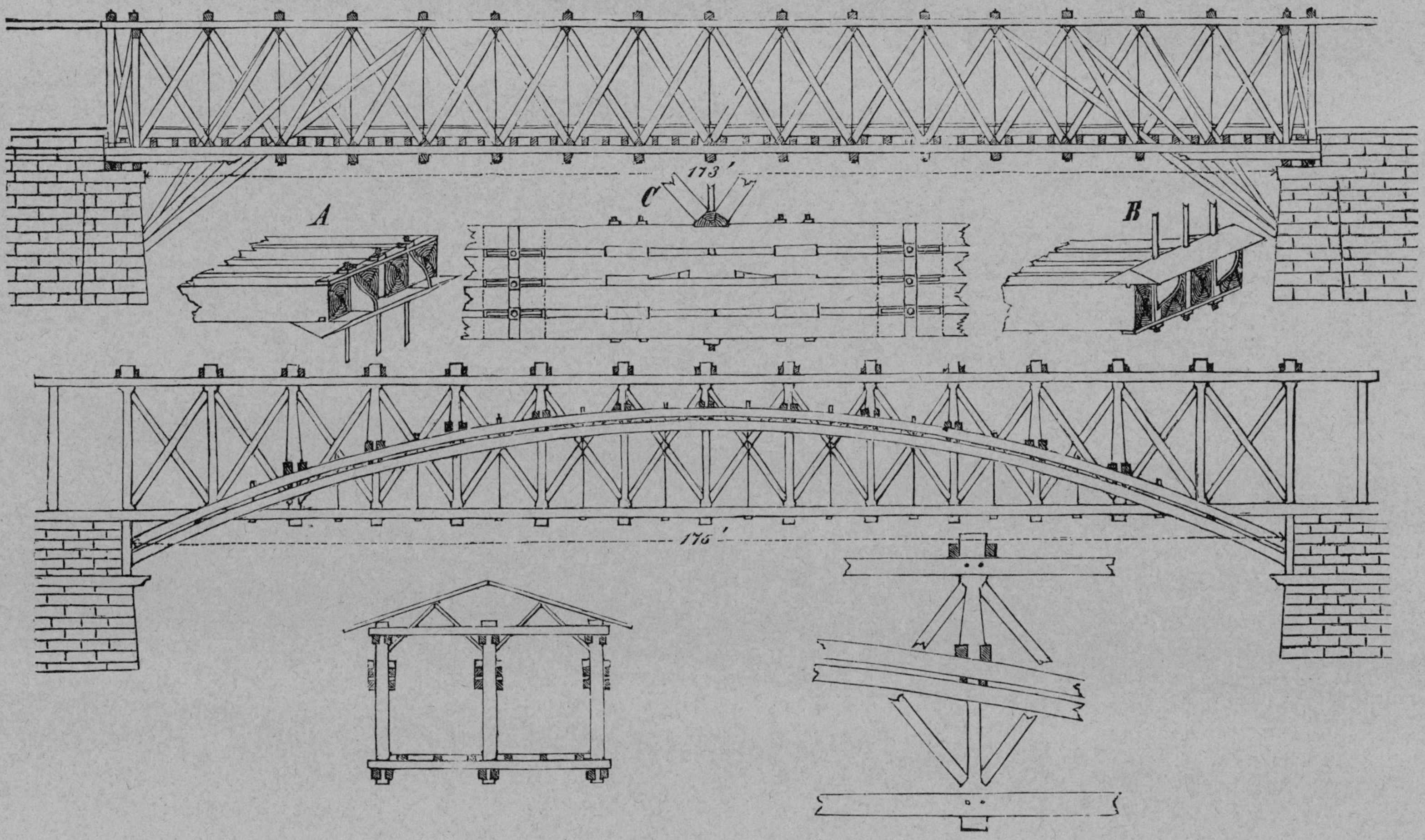

stellte 1848 der Gesellschaft Schweizerischer Ingenieure und Architekten selbstprojektierte Brücken nach nordamerikanischen Mustern vor. Sie sollten der Schweizerischen Nordbahn dienen, wurden jedoch nicht ausgeführt, obwohl Eisenkonstruktionen wegen der teuren Importe nur bedingt in Frage kamen. Schliesslich entstanden nach 1850 vor allem in der Rheinebene zwischen Bodensee und Chur etwa zehn Gitterbrücken, von denen noch drei erhalten sind.

nous constatons qu'il ne s'agissait encore pas du tout de bois cintrés, mais bien plutôt de courts madriers taillés en forme d'arc et assemblés. Avec leurs deux cours de fortes planches jumelées de façon que les joints successifs soient alternativement sur un cours et sur l'autre, les arbalétriers, étant reliés par des liernes à clavettes, constituaient des fermes très rigides. Mais Grubenmann et Ritter utilisaient des bois équarris et cintrés mécaniquement. Ils anticipaient un type de construction qui sera perfectionné au XIXe siècle et que nous connaissons sous le nom de systèmes Emy, Gauthey et Wiebeking. Dans tous ces systèmes, les bois ne sont pas posés de champ et côte à côte comme chez Delorme, mais les uns sur les autres. Au lieu de lourdes pièces de bois équar-

even though iron constructions were doubtful starters because of the expense of importation. Finally, after 1850, some ten lattice truss bridges were built, mainly in the Rhine plain between the Lake of Constance and Chur, and three of them are still standing today.

Abb. 16
Brücke über das Rusein-Tobel bei Disentis, 1857 erbaut.
Bildquelle: wie Abb. 10, Tafel 19.

Ill. 16
Pont sur le Rusein-Tobel, près de Disentis, construit en 1857.
Dans: idem Ill. 10, planche 19.

Fig. 16
Bridge over the Rusein-Tobel near Disentis, built 1857.
Source: as Fig. 10, plate 19.

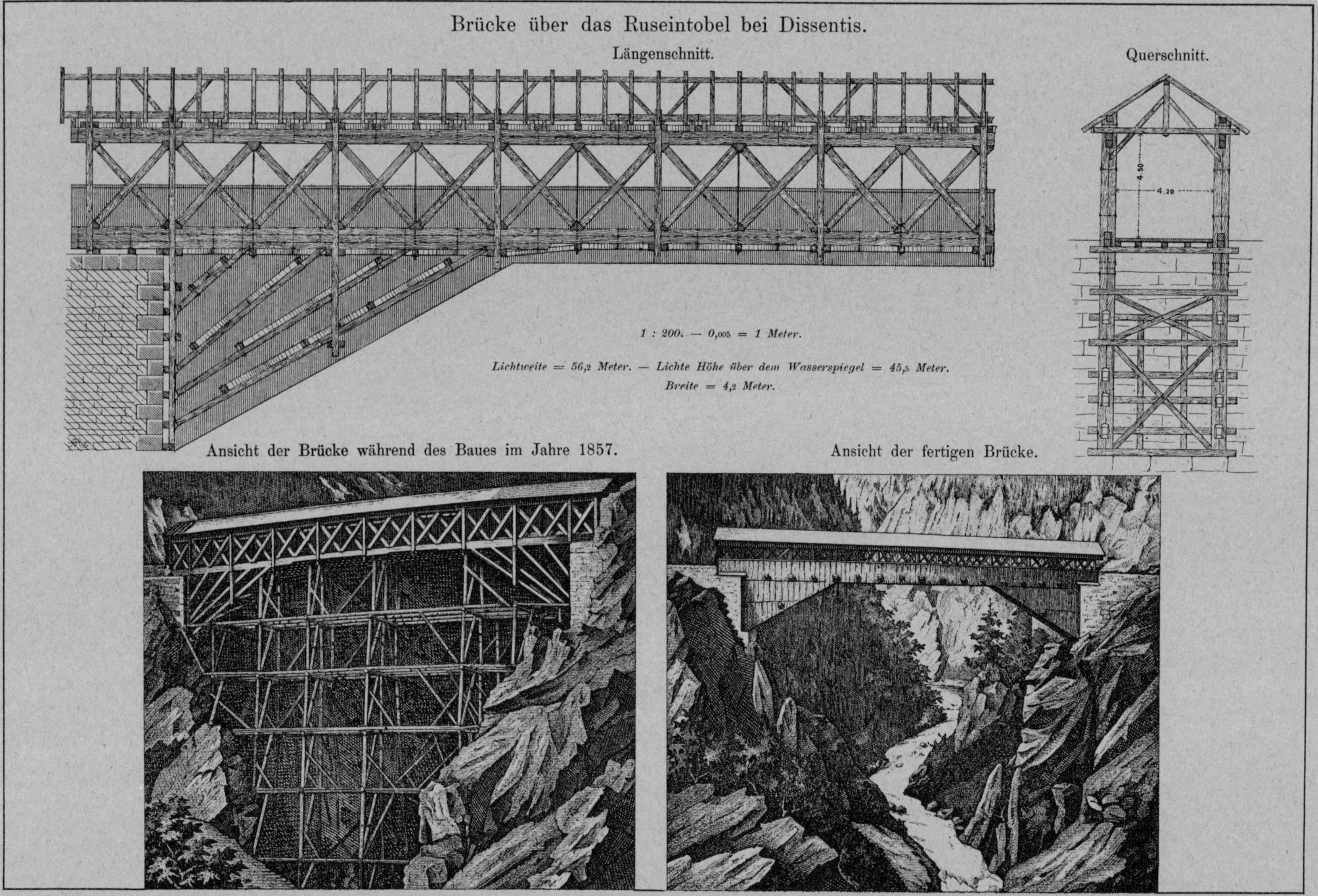

Die Entstehung einer Brücke

Dieses Kapitel fasst nicht die Entstehung einer bestimmten Brücke ins Auge. Es werden nur gewisse Vorgänge beschrieben, die mit dem Brückenbau zusammenhängen und das Bild des Zimmermannsberufes abrunden. Ein gewisses Traditionsbewusstsein und eine erstaunliche Kontinuität des Geschehens auf dem Werkplatz erleichtern die Darstellung von Einzelheiten. Sie galten im 18. Jahrhundert, in der Blütezeit des Holzbrückenbaus, und über Generationen hinweg.

Bauholz

Für den teilweisen Wiederaufbau der Rheinbrücke zu Säckingen um 1810 berechnete der Zimmermeister Blasius Balteschwiler zunächst genau die notwendigen Hölzer. Aufgrund einer Stückliste soll er persönlich die notwendigen Eichen und Tannen im Säckinger Wald ausgesucht haben. Für die berühmte Brücke in Schaffhausen mussten Hans Ulrich Grubenmann 400 grosse Tannen aus dem Bregenzer Wald geliefert werden. Schon zu Beginn des 13. Jahrhunderts fanden die Erbauer der Mittleren Brücke in Basel nur in der Innerschweiz genügend Eichenstämme für die Joche. Bei der genannten Schaffhauser Rheinbrücke mussten 1786 Ausbesserungen vorgenommen werden, weil bei der Erbauung (1756–1758) «unzeitiges Holz» verwendet worden war[16]. Das heisst: Nicht alle 400 Tannen waren zur richtigen Zeit gefällt worden. Ein altes Sprichwort lautet:
«Wer sein Holz in der Christnacht fällt,
Dem sein Gebäude zehnfach hält.»
Das letzte Viertel des Dezember erschien als die geeignetste Fällzeit. Nach Harres wurden Versuche gemacht, um die Richtigkeit dieser Regel nachzuprüfen. Die Versuche ergaben, dass die Ende Dezember gefällten Bäume beinahe die doppelte Last trugen wie diejenigen Ende März[17]. Es wurde sogar behauptet, dass das Holz der bei abnehmendem Mond geschlagenen Bäume vor dem Wurmfrass sicher sei.

ries, ces constructeurs utilisaient désormais de longues lamelles plates, cintrées et boulonnées, formant un arc d'un seul tenant. Il était avantageux de pouvoir renoncer aux lourdes pièces de bois de charpente. Malgré leur poids relativement faible, ces ponts à arc en bois avaient une grande force portante. Ils satisfaisaient même aux exigences des ponts ferroviaires. Leur patrie proprement dite est l'Amérique du Nord.

Les poutres «américaines»

On appelait «ponts américains» non seulement les ponts construits avec des lamelles cintrées, mais aussi ceux qui étaient faits de poutres avec âme de planches croisées. Comme les planches demandent un assemblage à mailles serrées, on parlait aussi de ponts en treillis. Les ouvrages en treillis de bois étaient souvent précontraints au moyen de barres croisées et renforcés par des arcs en lamelles. Ce qui caractérisait les ponts américains, c'était leur construction rapide et bon marché. En Suisse, Allemagne et Autriche, on resta assez prudent vis-à-vis tant des ponts à arcs en bois faits de lamelles, que des ponts en treillis et de leurs variantes. On critiquait le fait qu'ils n'étaient guère durables: l'eau pouvait s'introduire facilement dans les fentes entre les lamelles posées les unes par-dessus les autres. L'humidité s'accumulait à certains endroits et il était difficile de repérer les dégâts. Les ponts en treillis avaient eux aussi quantité de points faibles. La «Allgemeine Bauzeitung» écrivit en 1845 que la possibilité de choisir un matériau de construction bon marché était une incitation à agir «à la légère». Ce qui n'empêchait pas, dans le même article, d'admirer aussi l'«audace» des ponts de bois américains[15].
En 1848, l'architecte zurichois Ferdinand Stadler présenta à la Société Suisse des Ingénieurs et Architectes des projets de ponts de son cru, inspirés de modèles américains. Ils étaient destinés à l'une des compagnies de chemins de fer suisses, mais ne furent pas réalisés,

How a bridge is built

This chapter is not concerned with the construction of any particular bridge. We shall confine ourselves to a description of certain procedures which have to do with bridge building and round off our picture of the carpenter's trade. A certain sense of tradition and an astonishing continuity in the operations taking place on the site make it easier to describe the details. These accepted rules were operative in the 18th century, in the heyday of the timber bridge, and held good for generations afterwards.

Timber

To rebuild part of the bridge over the Rhine at Säckingen c. 1810 the master carpenter Blasius Balteschwiler first calculated precisely how much wood he would require. With a specification in his hand, he is said to have personally sought out the necessary oaks and fir trees in the Säckingen wood. For the famous bridge at Schaffhausen Hans Ulrich Grubenmann had to be supplied with 400 large firs from the Bregenz wood. As far back as the early 13th century the builders of the Mittlere Brücke in Basle could find sufficient oak trunks for the piers only in Central Switzerland. In 1786 repairs had to be carried out to the Rhine bridge at Schaffhausen because 'unseasonable wood' had been used for its construction (1756–1758)[16]. That is to say: not all the 400 firs were felled at the proper time. An old proverb says:
'He who fells wood at Christmastide
His house will ten times more abide.'
Thus the last quarter of December seemed to be the most suitable time for felling wood. According to Harres attempts were made to find out whether there was any truth in this rule. The tests showed that trees felled at the end of December could carry twice the load of those felled at the end of March[17]. It was even alleged that trees felled when the moon was waning were more proof against damage by worms.

Für Brücken wurden vorwiegend Eichen und Tannen verwendet. Die Eichenhölzer dienten allen wichtigen Konstruktionsteilen, besonders jenen, die mit Wasser in Berührung kamen. Eichenholz widersteht am besten dem Wechsel von Nässe und Trockenheit und nimmt unter Wasser sogar noch an Festigkeit zu. Für waagrechte Balkenlagen bevorzugte man die Weisstanne wegen ihrer Elastizität. Die Föhre ist wegen ihres hohen Harzgehaltes bedeutend wetterfester, jedoch für besonders belastete Balkenlagen zu spröde. Die Vorzüge von Tanne und Föhre vereinigen sich in der Lärche. Sie ist harzreich und elastisch zugleich. Da sie auch für Vertäfelungen und Schnitzereien gut geeignet ist, gehört sie zu den teuersten Hölzern.

Pläne, Modelle und Bauanschläge

Bevor der Zimmermann einen grösseren Bauauftrag bekam, musste er Pläne und Modelle erstellen. Blasius Balteschwiler lieferte beispielsweise 15 grosse und kleine Zeichnungen für das Brückenprojekt Eglisau, 1806. Noch wichtiger waren für Brücken mit grossen Spannweiten die Modelle. Möglichst naturgetreu ersetzten sie statische Berechnungen. Sie wurden nicht nur für die Bauherrschaft hergestellt, der Zimmermann selbst studierte daran Einzelausbildungen. Schliesslich musste er auch Kostenvoranschläge oder Bauanschläge aufstellen und tat dies in seinem eigenen Interesse möglichst genau. Ein guter Bauanschlag illustrierte den Ablauf der Bauarbeiten. Anton Wach gibt in seinem «Baurathgeber» folgendes Muster, aus welchem wir einige Punkte zitieren wollen:

Zur Fundierung:
«Runde, unbeschuhte Grund- und Langpfähle aus weichem Holze anzuarbeiten, nämlich: abschälen, die Knorren abgleichen, die Pfahlstücke zuspitzen, das Haupt nach dem Einrammen mit einem Zapfen versehen, wenn Letzteres nicht unter Wasser zu geschehen hat, Durchmesser 12 Zoll, kostet $^1/_4$ Zimmermannsgesellentaglohn.»

bien qu'ils aient concurrencé les constructions en fer qui ne pouvaient être réalisées qu'en nombre limité, vu le coût des importations des matières premières. Finalement, on construisit après 1850 une dizaine de ponts en treillis de bois dans la plaine du Rhin entre le lac de Constance et Coire – il en reste trois.

La naissance d'un pont

Ce chapitre ne considère pas la naissance d'un pont donné. N'y seront décrits que certains procédés qui se rattachent à la construction des ponts et complètent l'image du métier de charpentier. Une certaine conscience de la tradition et une continuité étonnante des opérations qui ont lieu sur le chantier de construction simplifieront la description des étapes du travail. Celles-ci demeurèrent inchangées au XVIIIe siècle, la période où l'on construisit le plus grand nombre de ponts de bois, puis des générations durant.

Bois d'œuvre

Pour la reconstruction partielle du pont sur le Rhin à Säckingen, vers 1810, le maître-charpentier Blasius Balteschwiler commença par calculer exactement le nombre des bois nécessaires. Il aurait choisi lui-même d'après une liste détaillée les chênes et les sapins dont il avait besoin dans la forêt de Säckingen. Pour le célèbre pont de Schaffhouse, les 400 longues grumes de sapin qui furent livrées à Hans Ulrich Grubenmann provenaient de la forêt de Bregenz. Déjà au XIIIe siècle, les constructeurs de la Mittlere Brücke à Bâle avaient trouvé seulement en Suisse centrale un nombre de troncs de chêne suffisant pour la construction des pilotis. Le pont de Schaffhouse dut être réparé en 1786, car lors de sa construction en 1756–1758, on avait utilisé du bois abattu «hors de saison»[16], ce qui voulait dire que les 400 sapins n'avaient pas tous été coupés au meilleur moment de l'année. Car comme dit un vieil adage:

Oaks and firs were chiefly used for bridge building. Oak timber was used for all the important structural parts, especially those in contact with water. Oak is most resistant to changes from wet to dry and its strength even increases under water. Silver fir was preferred for horizontal beams because of its elasticity. Pine is much more weather-resistant because of its high resin content but it is too brittle for horizontal beams bearing a particularly heavy load. The virtues of the fir and pine are united in the larch. It is both resinous and elastic. Since it is also suitable for wall panelling and carving it is one of the most expensive of timbers.

Plans, models and estimates

Before a carpenter was given a major order, he had to produce plans and models. For the bridge project at Eglisau in 1806, Blasius Balteschwiler supplied 15 large and small drawings. For bridges with wide spans, models were even more important. They were as faithful a reproduction as possible and took the place of static calculations. They were not produced for the client alone: the carpenter himself used them to study individual features. Finally estimates were prepared and the carpenter did this work as accurately as he could in his own interest. A good builder's estimate illustrated the sequence of operations. In his 'Baurathgeber' Anton Wach gives the following example, from which we will quote one or two points:

Foundations:
'Prepare unshoed base and long piles of softwood, that is to say: disbarking, removal of knags, sharpening the pile point, providing the head with a tenon after driving unless the latter is done under water. Diameter 12 inches, costs ¼ journeyman carpenter's daily wage.'

Bridge building:
'Indented and trussed foundation platforms of softwood consisting of two 14 × 24 inch indented tie beams set

Abb. 17
Zimmermannswerkzeuge des 17. und 18. Jahrhunderts.
Bildquelle: Diderot, Charpenterie, 1763.

Ill. 17
Outils de charpentier des XVIIe et XVIIIe siècles.
Dans: Diderot, Charpenterie, 1763.

Fig. 17
Carpenter's tools of the 17th and 18th centuries.
Source: Diderot, Charpenterie, 1763.

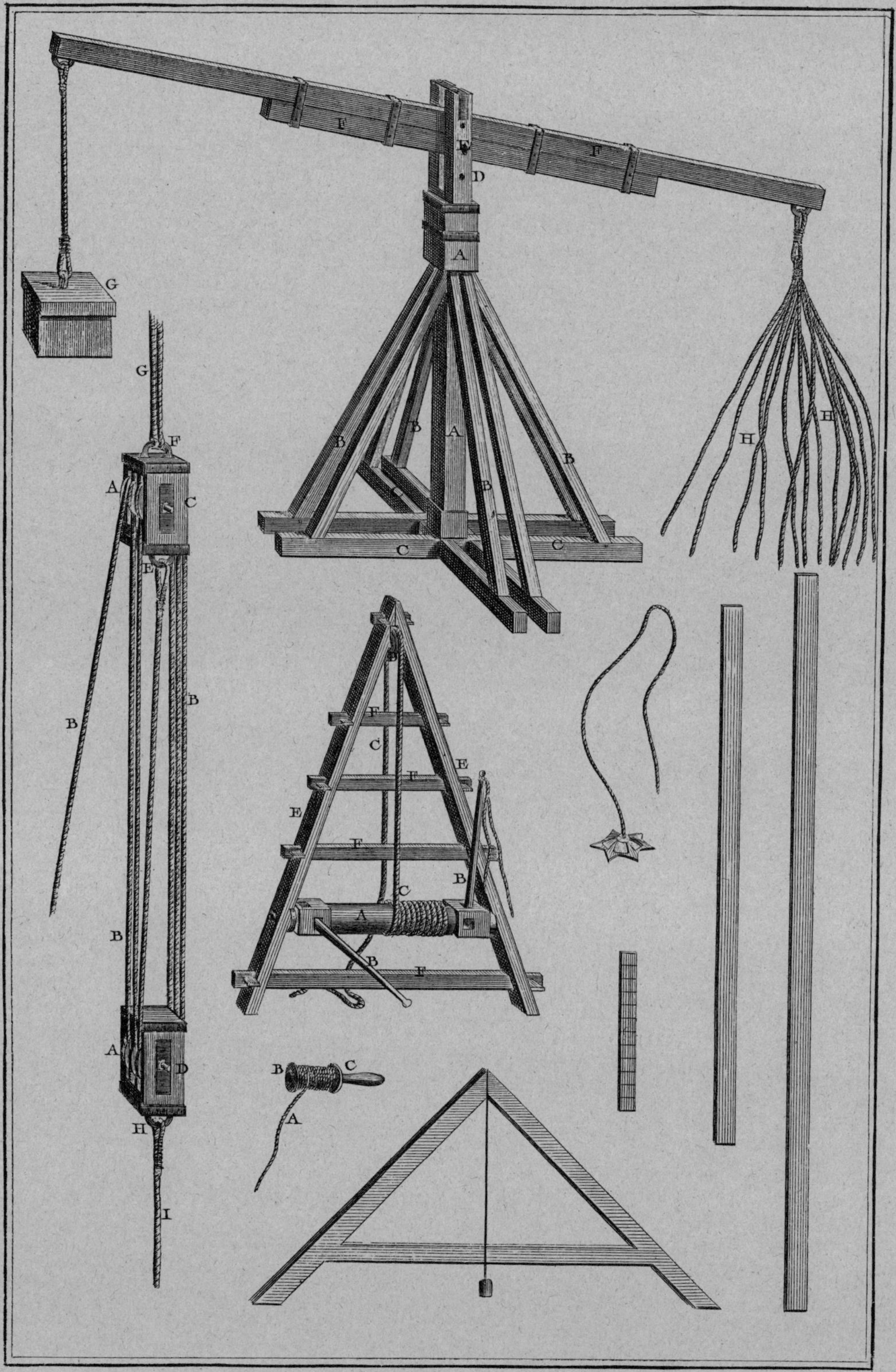

Abb. 18
Zimmermannswerkzeuge des 17. und 18. Jahrhunderts.

Ill. 18
Outils de charpentier des XVIIᵉ et XVIIIᵉ siècles.

Fig. 18
Carpenter's tools of the 17th and 18th centuries.

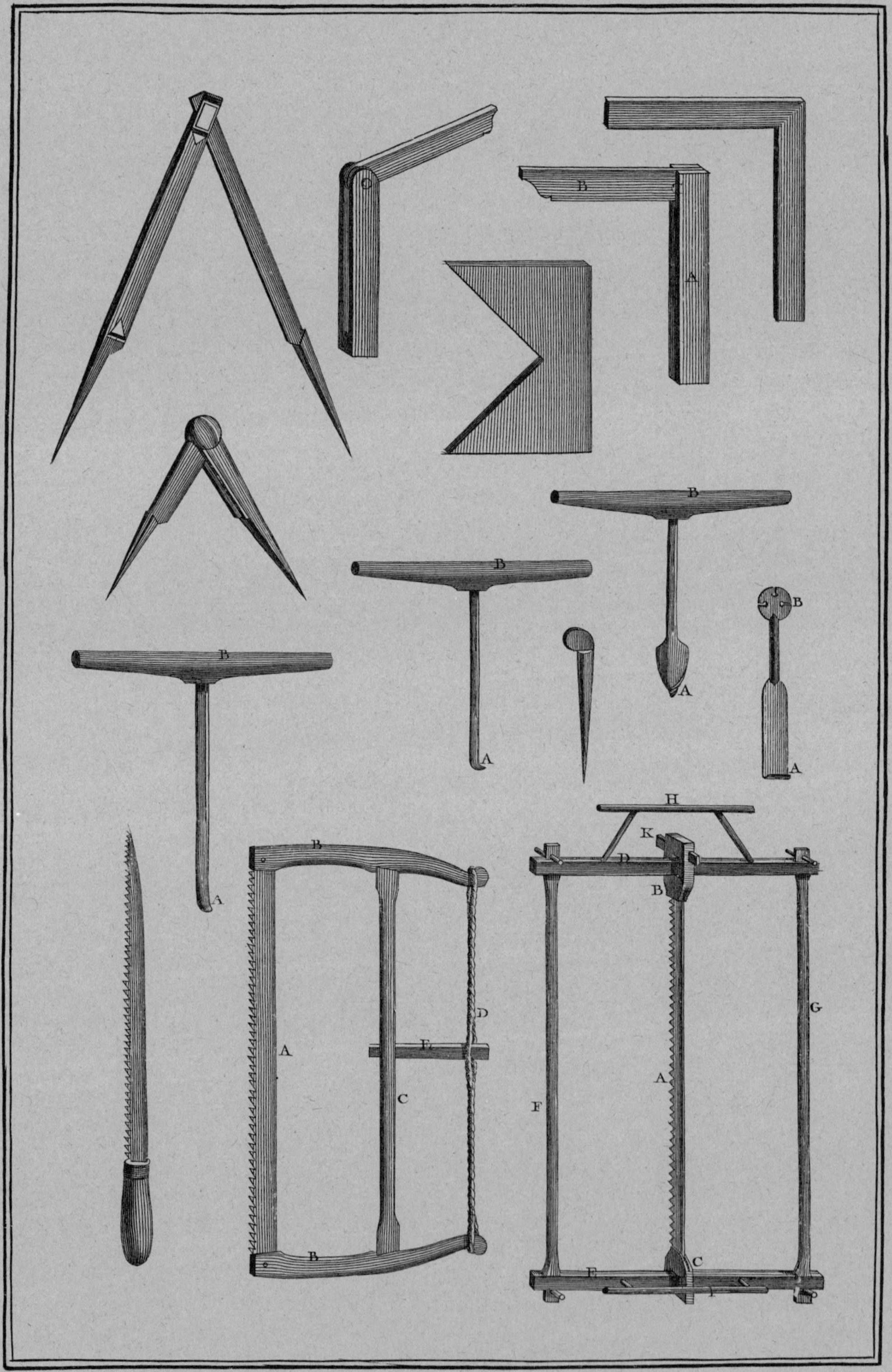

Zum Brückenbau:
«Verzahnte und gesprengte Tragröste (Brückenrostbäume) aus weichem Holze und zwar aus zwei übereinanderliegenden gezahnten Trämen bestehend 14/24 zöllig kosten 2 Zi. oder 1 Meter kostet bei 37 cm Breite und 42 cm Höhe 1,054 Zi. Spannriegel (Brustriegel) und Sprengstreben (Sprengbüge) bei Brükkensprengwerken werden, wenn sie aus weichem Holze und verzahnten, mehrfach übereinander liegenden Balken bestehen, wie die Tragröste verrechnet.»
«Doppelte, zusammen 12/30 zöllige Brückenhängewerkssäulen usw. kosten 1½ Zi. oder 1 Meter bei 32 cm Breite und 79 cm Dicke kostet 0,791 Zi.»
«Gehobeltes Brückengeländer von welchem Ausmass immer kostet ½ Zi. oder 1 Meter kostet 0,263 Zi.»
«Alles Voraufgeführte ist bei Verwendung des harten Holzes um die Hälfte theurer zu veranschlagen[18].»

Sofort werden wir uns die Frage stellen, wie hoch wohl der hier verrechnete Zimmermannsgesellentaglohn war. Obwohl Wach nach österreichischer Währung von 1869 rechnete, gibt eine Lohn- oder Preisangabe doch einigen Aufschluss. Ein Zimmermannsgeselle erhielt bei zwölfstündiger Arbeitszeit 1 fl. (Gulden) 20 kr. (Kreuzer). Ein Kilogramm Mischbrot kostete 12–17 kr.

Ausführung

Sie konzentrierte sich auf zwei Orte, die Brückenbaustelle und den Werkplatz. Idealerweise lagen sie nebeneinander. Bedingt durch geographische Lage oder aus organisatorischen Gründen konnten sie aber auch getrennt sein. Auf der Brückenbaustelle wurde zunächst das Gerüst aufgerichtet und eventuell mit einer mühsamen Fundierung begonnen. Für das Einschlagen der Pfähle wurde die Hand- oder Zugramme verwendet. Die Joche grösserer Brücken benötigten die Zugramme. Das Heben des Rammklotzes von acht Zentnern erforderte 22 Mann Bedienung und einen leitenden Zimmermann. Er zählte die Schläge oder sang sie sogar (Rammlied). 20–40

«Qui son bois dans la nuit de Noël abat,
Sa maison dix fois autant tiendra.»
Le dernier quart du mois de décembre semblait être le meilleur moment. D'après Harres, on fit des essais pour vérifier la justesse de cette règle. Résultat: les arbres abattus à la fin du mois de décembre supportaient une charge deux fois plus grande que ceux qui avaient été coupés à la fin mars[17]. On allait jusqu'à prétendre que le bois des arbres abattus quand la lune est dans son dernier quartier ne risquait pas de devenir vermoulu.
On employait pour les ponts surtout du chêne et du sapin. Le chêne servait pour toutes les parties importantes, mais avant tout pour celles qui étaient en contact avec l'eau. Le bois de chêne est celui qui résiste le mieux au fait d'être alternativement sec et mouillé; sous l'eau, il devient même encore plus dur. Pour les poutrages horizontaux, on donnait la préférence au sapin ordinaire à cause de son élasticité. Le pin blanc ou pin sylvestre, plus résineux, résiste mieux aux intempéries, mais est trop cassant pour des poutrages soumis à des efforts importants. Le mélèze réunit les avantages du sapin et du pin. C'est un bois résineux et élastique à la fois. Comme on l'utilise aussi pour faire des boiseries et de la sculpture sur bois, il compte parmi les plus chers.

Plans, maquettes et devis

Avant d'être chargé de construire quoi que ce soit d'assez important, le charpentier devait faire des plans et fabriquer des maquettes. Blasius Balteschwiler livra par exemple 15 dessins grands et petits pour le projet du pont de Eglisau, en 1806. Les maquettes étaient encore plus importantes, surtout dans le cas des grands ponts à travée unique. Elles étaient aussi fidèles que possible et remplaçaient le calcul des forces statiques. Elles n'étaient donc pas seulement faites pour les maîtres de l'ouvrage, mais permettaient aussi au charpentier d'étudier les détails de sa construction. Enfin, celui-ci devait

one over the other cost 2 d.w. (daily wage) or 1 metre costs 1.054 d.w. with a width of 37 cm and a height of 42 cm. Collar beams (breast rails) and straining beams (struts) in strutted bridge frames, if they are of softwood and consist of several indented baulks set one over the other, are charged for at the same rates as the foundation platform.'
'Double queen posts together 12 × 30 inches, etc. cost 1½ d.w. or 1 metre costs 0.791 d.w. with a width of 32 cm and a thickness of 79 cm.'
'Planed bridge railings of whatever size cost ½ d.w. or 1 metre costs 0.263 d.w.'
'All the above is half as expensive again if hardwood is used[18].'

It is natural to want to know the size of the daily wage of a journeyman carpenter on which these charges were based. Although Wach calculated on the basis of Austrian currency in 1869, details of wages or prices are illuminating. For a twelve-hour day a journeyman carpenter earned 1 fl (guilder) 20 kr (kreutzer). A kilogram of wheat and rye bread cost 12–17 kr.

Execution

This was concentrated on two spots, the bridge building site and the erecting yard. Ideally they were close to each other. However, because of geographical position or for organizational reasons they might also be separated. At the site of the bridge the scaffolding was first erected and, where necessary, the laborious job of making foundations was begun. To drive the piles the hand or draw pile-driver was used. The draw pile-driver was needed for the piers of bridges of any size. It took a crew of 22 men and a carpenter foreman to lift the 8 cwt ram. He counted the number of blows or even sang them (pile-driving song). 20–40 successive blows were known as a 'burst'.
The building timbers were erected in the yard. The 'holy of holies' was the drawing floor. Here the lines of struts,

aufeinanderfolgende Schläge bezeichnete man als «Hitze».
Auf dem Werkplatz wurden die Bauhölzer gerichtet. Das «Allerheiligste» war der Reissboden. Hier wurden die Streben, Sparren, Schifte usw. in wirklicher Länge aufgetragen — auf dem Reissboden geschiftet. Es gehörte ein gewisses Gefühl dazu, die farbtriefende Schnur weder zu stark noch zu schwach auf den Boden schnalzen zu lassen, damit sich z. B. der zu richtende Sparren sauber 1:1 darstellte. Heute wird in der Regel nur noch im Maßstab 1:10 gezeichnet und dann in wahre Grösse umgerechnet.
Unter den vielen handwerklichen Vorgängen dürfte von besonderem Interesse sein, wie zu Grubenmanns Zeiten Balken gebogen wurden. Es gab dafür drei Regeln:
1
Grünes Holz lässt sich leichter biegen als trockenes.
2
Tannenbalken lassen sich stärker biegen ($\frac{1}{25}$ ihrer Länge) als Eichenbalken ($\frac{1}{40}$ ihrer Länge).
3
Die gekrümmten Balken sollen mindestens zwei Monate in ihrer Form eingespannt bleiben.

Für den Biegevorgang wurde ein stabiles Gerüst aufgestellt. Der Balken wurde in der Mitte auf dem höchsten Punkt des Gerüstes befestigt und dann langsam auf beiden Seiten abwärts gezogen. Während dieses Biegevorganges unterhielt man unter den Balken ein gelindes Feuer, die sich nach oben krümmende Seite wurde mit Wasser begossen. Die Baumeister wussten, dass ein gekrümmter Balken etwa das Siebenfache eines geraden Balkens tragen kann. Es seien noch allgemeine Arbeitsregeln erwähnt. Die wichtigste Voraussetzung war eine gute Zusammenarbeit, die eingespielte Gruppenarbeit. Schwere Balken mussten im Takt und von Rufen begleitet hochgehoben, bewegt und losgelassen werden. Auch leichtere Arbeiten wurden mindestens zu zweit ausgeführt. Es hiess spöttisch, dem «Hellen»

aussi établir des devis estimatifs et descriptifs, et il avait intérêt à le faire aussi exactement que possible. Un bon devis illustrait le déroulement des travaux. Anton Wach en donne un exemple dans son «Baurathgeber», et nous voulons en citer quelques points:

Pour les fondations:
«Tailler dans du bois tendre des longs poteaux de fondation, ronds et sans sabot, c'est-à-dire: écorcer, égaliser les nœuds, appointer les pieux, munir la tête d'une cheville, quand ceci ne doit pas être fait sous l'eau, diamètre 12 pouces, coûte ¼ du salaire journalier d'un compagnon charpentier.»

Pour la construction du pont:
«Poutres de sommier, endentées et contre-fichées, de bois tendre, et constituées de deux bois posés l'un sur l'autre de 14/24 pouces coûtant 2 sal. jour., ou 1 m par 37 cm de largeur et 42 cm de hauteur coûte 1,054 sal. jour. Entrait (appui) et arbalétriers (aisseliers) pour les fermes du pont seront facturés comme les précédentes quand ils sont faits de bois tendre et composés de plusieurs couches de poutres endentées.»
«Poutres suspendues doubles, ensemble: 12/30 pieds, etc. coûtent 1½ sal. jour., ou: 1 m par 32 cm de largeur et 79 cm d'épaisseur coûte 0,791 sal. jour.»
«Balustrade rabotée de n'importe quelles dimensions, coûte ½ sal. jour., ou: 1 m coûte 0,263 sal. jour.»
«Tout ce qui vient d'être dit doit être estimé moitié plus cher s'il s'agit de bois dur[18].»

Immédiatement, nous allons nous demander quel était le montant du salaire journalier d'un compagnon charpentier qui sert ici de base de calcul. Même si Wach a calculé en monnaie autrichienne de 1869, un index des prix et des salaires de l'époque fournit quand même quelques éclaircissements: un compagnon charpentier touchait pour une durée de travail de 12 heures le salaire de 1 florin 20 kreuzers; un kilo de pain bis coûtait 12 à 17 kreuzers.

rafters, jack rafters, etc. were laid down full size and the units assembled. A certain touch was needed to clap the string, dripping with paint, down on the floor neither too hard nor too gently so that, say, the rafter to be erected was marked out neatly on a scale of 1:1. Today drawing is done as a rule on a scale of 1:10 and then scaled up to full size.
Out of the many craft procedures it is particularly interesting to see how beams were bent in Grubenmann's time. There were three rules:
1
Green wood is more easily bent than dry.
2
Fir beams can be bent more ($\frac{1}{25}$ of their length) than oak beams ($\frac{1}{40}$ of their length).
3
The bent beam should remain at least two months clamped in its bent form.

A sturdy scaffold was erected for the bending process. The beam was fixed at its centre on the highest point of the scaffold and then slowly drawn down on either side. During this bending process a gentle fire was kept burning under the beam while the upper side was watered. The carpenters knew that a bent beam can carry about seven times as much as a straight beam.
A few general working rules are worth mentioning. The most important prerequisite was sound cooperation and practised teamwork. Heavy beams had to be lifted in rhythm to the accompaniment of shouts, moved, and then let down again. Even lighter jobs were usually carried out by at least two men. It was said in mockery that the 'bright' one was always given a 'stupid' one to work with, otherwise there would be quarrels. During working hours the site had to be a hive of activity. When at last the midday bell rang, the men dropped tools on the first stroke but it was an unwritten law that no tool should ever be left sticking in the wood.

Abb. 19
Zimmermannswerkzeuge des 17. und 18. Jahrhunderts.

Ill. 19
Outils de charpentier des XVIIe et XVIIIe siècles.

Fig. 19
Carpenter's tools of the 17th and 18th centuries.

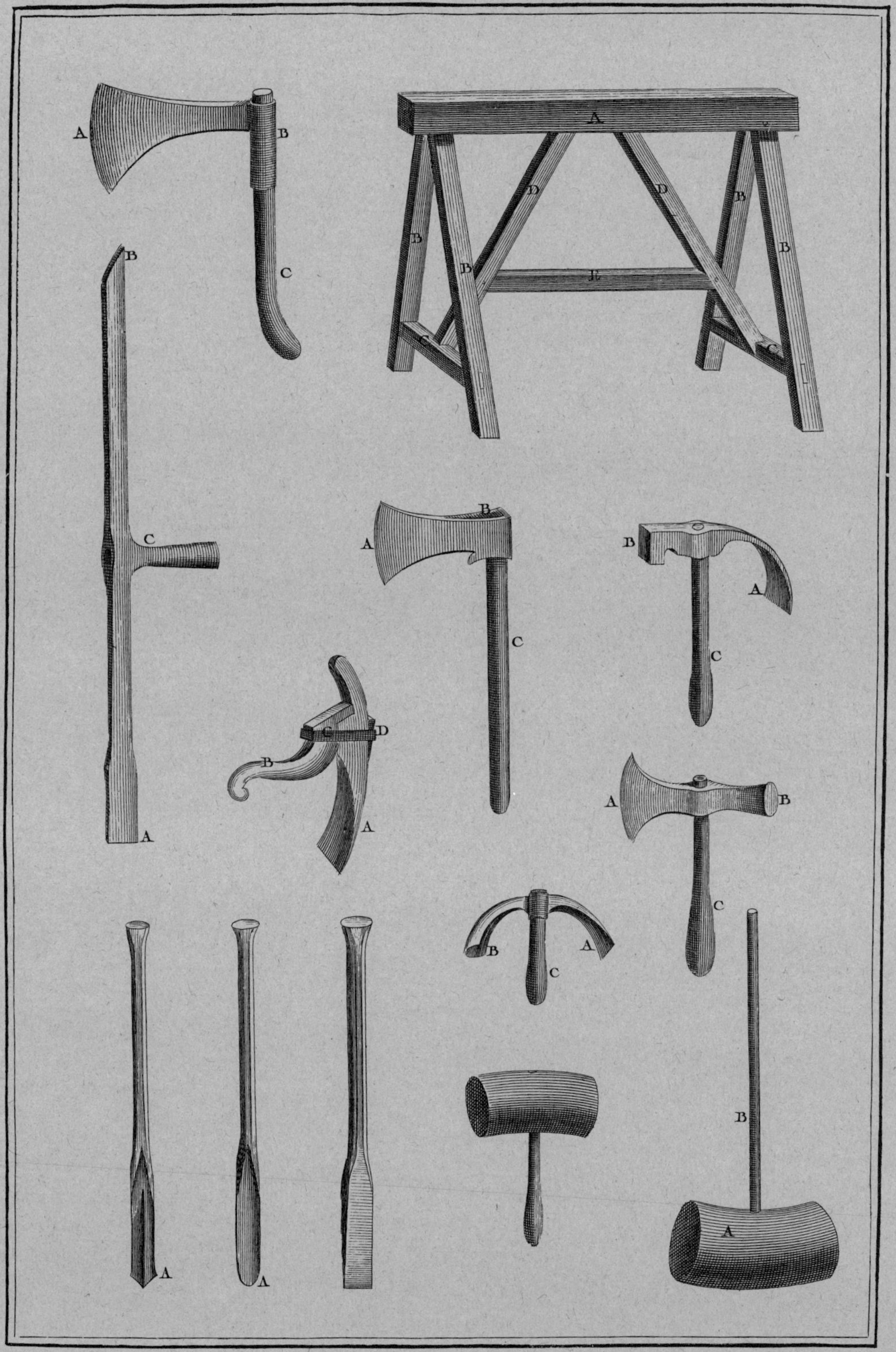

Abb. 20
Zimmermannswerkzeuge des 17. und 18. Jahrhunderts.

Ill. 20
Outils de charpentier des XVIIe et XVIIIe siècles.

Fig. 20
Carpenter's tools of the 17th and 18th centuries.

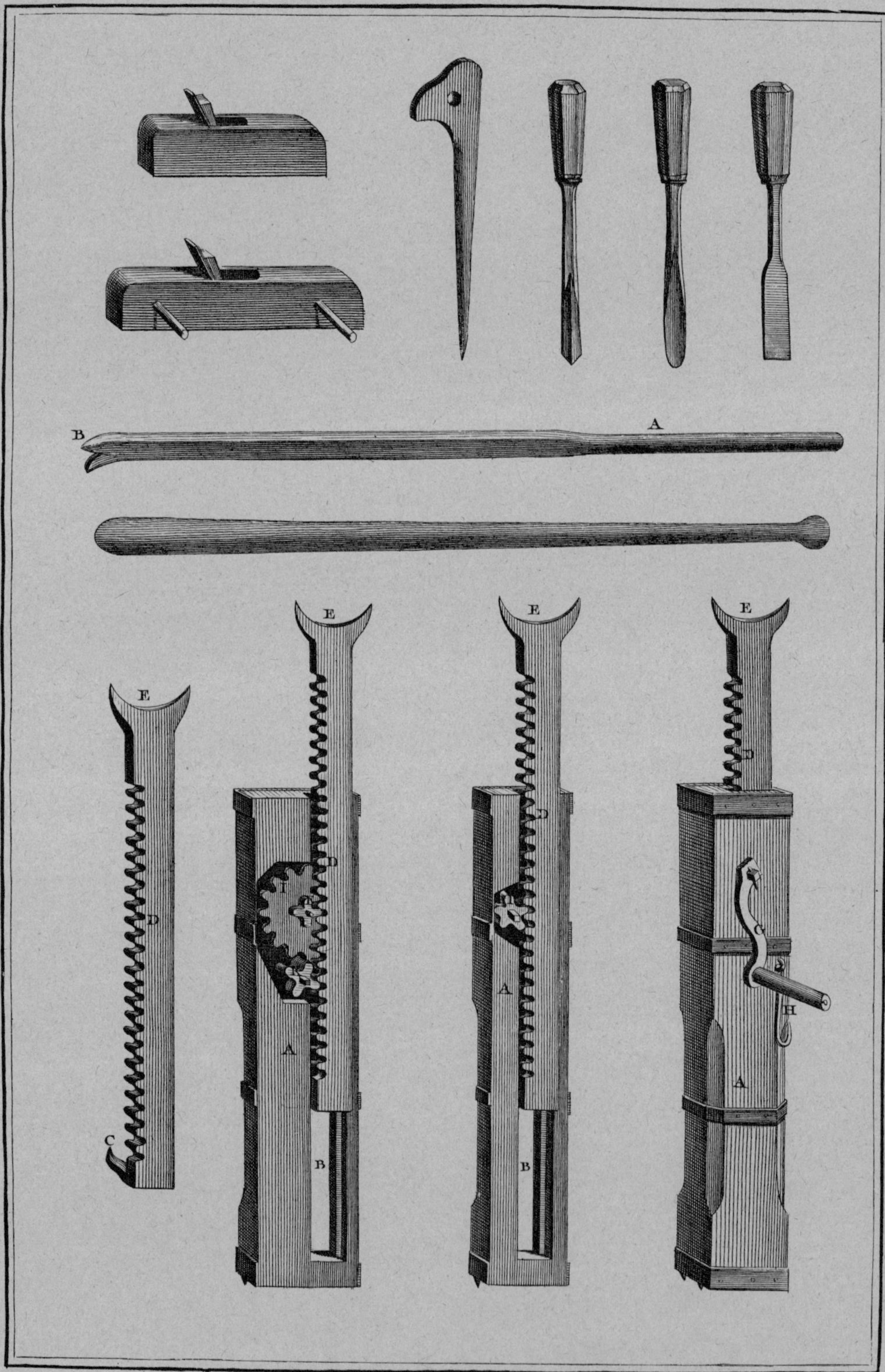

sei ein «Dummer» beigegeben, sonst entstehe Streit. Während der Arbeitszeit musste immer Bewegung herrschen. Wenn endlich die Mittagsglocken läuteten, liess man beim ersten Schlag das Werkzeug fallen, aber niemals durfte ein Werkzeug im Holz steckenbleiben.

Aufrichte

Die Aufrichte wurde auch bei Hausbauten vom Ablauf der Zimmermannsarbeit bestimmt. Aufrichten heisst, einen Dachstuhl, einen Zimmerwerksatz oder fertig abgebundenes Zimmerwerk aufstellen. Ist dies geschehen, kann das Aufrichtfest gefeiert werden. Dies mussten sich die Bauherren etwas kosten lassen. Bei der Schaffhauser Rheinbrücke kostete die Verabreichung von Speise und Trank 259 Gulden, immerhin mehr als alle Öl- und Farbenanstriche der Brücke (219 Gulden). Vom Zimmermannsspruch des Aufrichtfestes der vier Häuser an der Sporengasse in Basel 1816 (sie befanden sich zwischen Eisengasse und Marktplatz) druckte man sogar eine kleine Festschrift. Da bei einem grösseren Brückenbau die Aufrichte sicher ähnlich feierlich gestaltet wurde, sei aus dieser Schrift zitiert. Nebenbei sei noch bemerkt, dass der Zimmermannsgeselle Friedrich Leykauf aus Stockholm die Sprüche aufsagte, was die Bedeutung der Wanderzeit illustriert. Die Aufrichte wurde mit einem Gebet begonnen:

«Du hast von uns mit Deiner Vaterhand
Gefahr und Unglück gnädig abgewandt;
Und Du nur gabst, dass wir jetzt mit Entzücken
Des schönen Baus Vollendung hier erblicken;
Drum Dank Dir, guter Vater! — diesen Strauss
Steck ich als Denkmal Deiner Liebe aus.»

Der Strauss (oder Aufrichtbäumchen) wurde auf das Dach gesteckt. Nun sprach der Zimmermannsgeselle zu seinen Mitarbeitern und Gästen. Er be-

Exécution

Elle était concentrée en deux endroits: le chantier de construction du pont et le chantier de fabrication. Dans un cas idéal, ils étaient placés côte à côte. Mais à cause de la situation géographique ou pour des raisons d'organisation, ils pouvaient aussi bien être séparés. A l'endroit choisi pour la construction, on commençait à dresser l'échafaudage et, éventuellement, à consolider péniblement le terrain. Pour le battage des pieux et des poteaux, on se servait du mouton. Pour les pilotis des plus grands ponts, il fallait la sonnette à chute libre. Le pilon de choc pesant quatre quintaux était actionné par 22 hommes placés sous la direction d'un charpentier qui comptait les coups, ou même, les chantait. Le travail se faisait par séries de 20 à 40 coups successifs. Pendant ce temps, sur le chantier de fabrication, on dressait les bois pour la construction. On préparait la sacro-sainte aire de traçage, qui devait être unie et horizontale. On traçait en vraie grandeur les épures des arbalétriers, chevrons, empannons, etc. sur le sol. Il fallait un certain coup de main pour arriver à faire claquer contre le sol le cordeau enduit de sanguine ou de craie, de façon à tracer proprement par exemple le chevron désiré à l'échelle 1:1. Aujourd'hui, en règle générale, on ne dessine plus qu'au $^1/_{10}{}^e$ et on convertit ensuite en vraie grandeur.
D'entre tous les procédés manuels, il est particulièrement intéressant de voir comment on s'y prenait pour cintrer les bois à l'époque de Grubenmann. On connaissait trois règles:
1
Le bois vert se laisse cintrer plus facilement que le bois sec.
2
Les poutres de sapin se laissent cintrer plus fortement ($^1/_{25}{}^e$ de leur longueur) que les poutres de chêne ($^1/_{40}{}^e$ de leur longueur).
3
Une fois courbées, les poutres doivent rester serrées au moins deux mois sur leur forme.

Topping out

The time for topping out, even in house building, was determined by the sequence of the carpenter's work. Topping out means to erect a roof structure or a completely assembled piece of carpentry. Once this has been done, the topping-out ceremony can be performed. For this celebration the building owner had to foot the bill. On completion of the bridge over the Rhine at Schaffhausen, the food and drink cost 259 guilders, which was more than it cost to paint the bridge with all the undercoats of oil and topcoats of colour (219 guilders). There was even a small commemorative publication printed to record the words of the carpenter at the topping-out ceremony for four houses in the Sporengasse (between the Eisengasse and Marktplatz) in Basle in 1816. Since topping out was certainly celebrated with a similar ceremony when a large bridge was completed, we will quote from this publication. It might be mentioned in passing that it was the journeyman carpenter Friedrich Leykauf from Stockholm who spoke the words — evidence enough of the importance attached to the carpenter's years of travel. The ceremony began with a prayer:

'From us Thou hast with a father's hand
Harm and danger graciously banned;
Thou hast ordained that with delight
This building's completed in our sight;
Then thank we Thee, and now this wreath
Will mark Thy love to all beneath.'

The wreath (or a little tree) was set up on the roof. Then the journeyman carpenter spoke to his mates and guests. He began his speech about the work and the special features of the structure with the words:

'And now, my friends, below there, spy
From your windows and see me here on high,
Grant me my prayerful silence now to break

gann seine Ausführungen über die Arbeit und über die Eigenart des Baus mit den Worten:

«Und nun, ihr Freunde! die ihr drunten steht,
Und aus den Fenstern hin nach meiner Höhe seht,
Erlaubt dass ich mein betend Schweigen breche,
und auch mit Euch ein Wort des Herzens spreche ...»

Schliesslich erhob er das erste Glas auf den Stadtrat, das zweite Glas auf den Bauherrn, das dritte auf die Meisterschaft und das vierte auf Steinhauer, Maurer und Zimmerleute. Es folgten Segenswünsche zum Schutze des Werkes.

«Vor Wasser – Feu'r und jedem Wetter-Schaden
Vor krieg'rischer Zerstörung wilder Wuth
Und was noch sonst der Feinde Bosheit thut!»
Ein fünftes Glas erhob der Geselle:
«Hoch lebe Eu're bied're Schweizer-Stadt[19]!»

On construisait d'abord une forme stable. Puis la poutre à cintrer était fixée sur le sommet de la forme, et ses deux extrémités étaient tirées lentement vers le bas, des deux côtés à la fois. Tout pendant ce temps, on entretenait un feu doux en dessous de la poutre et on en mouillait le dessus afin de l'aider à se dilater. Les constructeurs savaient qu'une poutre cintrée supporte une charge environ sept fois plus grande qu'une poutre droite.
Mentionnons encore quelques règles de travail, d'ordre général. Première condition: une bonne collaboration, une bonne équipe. Les lourdes poutres devaient être soulevées, déplacées et lâchées en mesure, avec des appels pour scander les temps. Les travaux plus légers étaient aussi exécutés au moins à deux. On disait ironiquement que l'«intelligent» devait faire équipe avec un «sot», parce que sinon, c'était bientôt parti pour une querelle. Tant que durait le travail, il fallait qu'il y ait du mouvement. On laissait tomber l'outil au premier coup de midi – mais jamais un outil ne devait rester planté dans le bois.

Fête du bouquet

C'est le déroulement du travail du charpentier qui déterminait le moment de la fête du bouquet, et ceci aussi lorsqu'il s'agissait de la construction d'une maison. Dans certaines régions, cette fête est parfois aussi appelée la «levure». Le levage est l'opération qui consiste à lever, pour le mettre en place, un élément de charpente de comble, un ouvrage de charpenterie ou une carcasse, préalablement assemblé au chantier ou sur le tas. Ceci terminé, la fête peut commencer. Les maîtres de l'ouvrage devaient y mettre le prix. Les boissons et la nourriture qui furent servies lors de la fête donnée pour le pont de Schaffhouse coûtèrent 259 guldens, soit, tout compte fait, plus que toute la peinture à l'huile du pont (219 guldens). A Bâle, en 1816, on imprima même le discours que tint le charpentier en l'honneur des quatre maisons sises à la Sporengasse (elles se trou-

And from my heart a word to you to speak ...'

Finally he raised his first glass to the town council, the second glass to the owner of the building, the third to the master, and the fourth to the masons, bricklayers and carpenters. Then followed his prayer for the protection of the building.

'From fire and water and the weather's rage,
From war's destruction and dreadful ire
And all that foes might do that's dire.'
And then he raised a fifth glass: 'Long live your worthy Swiss city[19]!'

Abb. 21
Ramme.
Bildquelle: Johann Wilhelms Architectura Civilis, Teil II, o.J., Tafel 22.

III. 21
Sonnette.
Dans: Johann Wilhelms Architectura Civilis, tome II, s.a.p., planche 22.

Fig. 21
Pile-driver.
Source: Johann Wilhelms Architectura Civilis, part II, undated, plate 22.

vaient entre la Eisengasse et le Marktplatz). Comme il y a lieu de penser que la fête donnée aux ouvriers pour la construction d'un pont important était organisée de manière tout aussi solennelle, citons quelques passages de ce discours en vers. Notons au passage qu'il fut récité par le compagnon charpentier Friedrich Leykauf de Stockholm, ce qui illustre bien l'importance des années de voyage. La cérémonie débutait par une prière:

«Ta main paternelle a écarté de nous
Avec bienveillance danger et accidents.
Et toi seul a donné que nous voyions maintenant
Avec enthousiasme ici du bel édifice l'achèvement;
Pour cela, merci à toi, ô bon Père! — ce bouquet,
Je le fixe en signe de ton amour.»

Le bouquet (ou le petit arbre garni de rubans) fut fixé sur le toit. Puis le compagnon charpentier s'adressa à ses collaborateurs et à ses invités. Il entama son exposé sur le travail et sur les traits distinctifs du bâtiment par ces mots:

«Et à présent, vous les amis! qui êtes en bas
Et regardez par les fenêtres, levant les yeux vers ma hauteur,
Permettez que je rompe le silence de ma prière
Et vous dise à vous aussi un mot du cœur ...»

Pour finir, il leva le premier verre à la santé du conseil municipal, le deuxième verre à celle des maîtres de l'ouvrage, le troisième à la maîtrise, et le quatrième à celle des tailleurs de pierre, maçons et charpentiers. Suivirent des bénédictions pour protéger l'œuvre:

«Contre l'eau — le feu et tout dégât causé par l'orage
Contre la folie aveugle de la destruction guerrière,
Et tout ce que fait encore l'ennemi!»

Le compagnon leva alors un cinquième verre et lança: «Un vivat pour votre bonne ville suisse[19]!»

Literatur

1 E. Weiss, Die Entdeckung des Volks der Zimmerleute, 1923, S. 42f.
2 J. Killer, Die Werke der Baumeister Grubenmann, 1941, S. 12.
3 J. Killer, Die Familie der Balteschwiler von Laufenburg, in: Vom Jura zum Schwarzwald, Neue Folge, 1972–1974, S. 19.
4 G. Semper, Der Stil, Bd. 1, 1860, S. IX.
5 Schweizerisches Gewerbeblatt IV (1879), S. 251.
6 Ein alter Meister der Technik, in: Schweizerische Bauzeitung XLVIII (1906), S. 257.
7 H. Straub, Die Geschichte der Bauingenieurkunst, 3. Aufl., 1975, S. 163.
8 Fr. Stüssi, Über die Entwicklung der Wissenschaft im Brückenbau, in: Neujahrsblatt der Naturforschenden Gesellschaft in Zürich, 1964, S. 14.
9 P. Röllin, Holzbrückenbau in der Schweiz, in: Heimatschutz 68 (1973), S. 5.
10 P. Mosimann, E. Graf, Die Basler Rheinbrücken, 1962, S. 17. E. Gutzwiller, Die neue Basler Rheinbrücke, in: Schweizerische Bauzeitung XLVII (1906), S. 1ff.
11 Schweizerische Genietruppen, Flussübergänge mit Notmaterial, 1910, S. 70ff.
12 J. Killer, Die Werke der Baumeister Grubenmann, 1942, S. 18.
13 B. Harres, Die Schule des Zimmermanns, 2. Aufl., Teil II, 1861, S. 180.
14 Schweizerische Bauzeitung 89 (1927), S. 36ff.
15 Allgemeine Bauzeitung von Ch. Fr. L. Förster 10 (1845), S. 7ff.
16 J. Killer, Die Werke der Baumeister Grubenmann, 1942, S. 30.
17 B. Harres, Die Schule des Zimmermanns, 2. Aufl., 1. Teil, 1859, S. 3.
18 A. Wach, Gemeinnütziger Baurathgeber, 1870, S. 75, 82ff.
19 Zimmerspruch bey der vollendeten Aufrichtung der vier neuen Gebäude zu Basel an der Sporngasse bey der grossen Metzg; vom Dache derselben heruntergesprochen, von Friedrich Leykauf, Zimmergeselle aus Stockholm, den 12. November 1816.

Références

1 E. Weiss, Die Entdeckung des Volks der Zimmerleute, 1923, p. 42 et suiv.
2 J. Killer, Die Werke der Baumeister Grubenmann, 1941, p. 12.
3 J. Killer, Die Familie der Balteschwiler von Laufenburg, dans: Vom Jura zum Schwarzwald, nouvelle série, 1972–1974, p. 19.
4 G. Semper, Der Stil, tome I, 1860, p. IX.
5 Schweizerisches Gewerbeblatt IV (1879), p. 251.
6 Ein alter Meister der Technik, dans: Schweizerische Bauzeitung XLVIII (1906), p. 257.
7 H. Straub, Die Geschichte der Bauingenieurkunst, 3e éd., 1975, p. 163.
8 Fr. Stüssi, Über die Entwicklung der Wissenschaft im Brückenbau, dans: Neujahrsblatt der Naturforschenden Gesellschaft in Zürich, 1964, p. 14.
9 P. Röllin, Holzbrückenbau in der Schweiz, dans: Heimatschutz 68 (1973), p. 5.
10 P. Mosimann, E. Graf, Die Basler Rheinbrücken, 1962, p. 17. E. Gutzwiller, Die neue Basler Rheinbrücke, dans: Schweizerische Bauzeitung XLVII (1906), p. 1 et suiv.
11 Schweizerische Genietruppen, Flussübergänge mit Notmaterial, 1910, p. 70 et suiv.
12 J. Killer, Die Werke der Baumeister Grubenmann, 1942, p. 18.
13 B. Harres, Die Schule des Zimmermanns, 2e éd., II, 1861, p. 180.
14 Schweizerische Bauzeitung 89 (1927), p. 36 et suiv.
15 Allgemeine Bauzeitung par Ch. Fr. L. Förster, 10 (1845), p. 7 et suiv.
16 J. Killer, Die Werke der Baumeister Grubenmann, 1942, p. 30.
17 B. Harres, Die Schule des Zimmermanns, 2e éd., I, 1859, p. 3.
18 A. Wach, Gemeinnütziger Baurathgeber, 1870, p. 75, 82 et suiv.
19 Zimmerspruch bey der vollendeten Aufrichtung der vier neuen Gebäude zu Basel an der Sporngasse bey der grossen Metzg; vom Dache derselben heruntergesprochen, von Friedrich Leykauf, Zimmergeselle aus Stockholm, den 12. November 1816.

References

1 E. Weiss, Die Entdeckung des Volks der Zimmerleute, 1923, p. 42f.
2 J. Killer, Die Werke der Baumeister Grubenmann, 1941, p. 12.
3 J. Killer, Die Familie der Balteschwiler von Laufenburg, in: Vom Jura zum Schwarzwald, new series, 1972–1974, p. 19.
4 G. Semper, Der Stil, vol. 1, 1860, p. IX.
5 Schweizerisches Gewerbeblatt IV (1879), p. 251.
6 Ein alter Meister der Technik, in: Schweizerische Bauzeitung XLVIII (1906), p. 257.
7 H. Straub, Die Geschichte der Bauingenieurkunst, 3rd ed., 1975, p. 163.
8 Fr. Stüssi, Über die Entwicklung der Wissenschaft im Brückenbau, in: Neujahrsblatt der Naturforschenden Gesellschaft in Zürich, 1964, p. 14.
9 P. Röllin, Holzbrückenbau in der Schweiz, in: Heimatschutz 68 (1973), p. 5.
10 P. Mosimann, E. Graf, Die Basler Rheinbrücken, 1962, p. 17. E. Gutzwiller, Die neue Basler Rheinbrücke, in: Schweizerische Bauzeitung XLVII (1906), p. 1ff.
11 Schweizerische Genietruppen, Flussübergänge mit Notmaterial, 1910, p. 70ff.
12 J. Killer, Die Werke der Baumeister Grubenmann, 1942, p. 18.
13 B. Harres, Die Schule des Zimmermanns, 2nd ed., part II, 1861, p. 180.
14 Schweizerische Bauzeitung 89 (1927), p. 36ff.
15 Allgemeine Bauzeitung by C. Fr. L. Förster 10 (1845), p. 7ff.
16 J. Killer, Die Werke der Baumeister Grubenmann, 1942, p. 30.
17 B. Harres, Die Schule des Zimmermanns, 2nd ed., part 1, 1859, p. 3.
18 A. Wach, Gemeinnütziger Baurathgeber, 1870, p. 75, 82ff.
19 Zimmerspruch bey der vollendeten Aufrichtung der vier neuen Gebäude zu Basel an der Sporngasse bey der grossen Metzg; vom Dache derselben heruntergesprochen, von Friedrich Leykauf, Zimmergeselle aus Stockholm, den 12. November 1816.

Erhaltene und zum Teil noch im Gebrauch befindliche gedeckte Holzbrücken

Was, wie, wo?
Wie wirken die sogenannten offenen Dachstühle der gedeckten Holzbrücken, die nach aussen mit Holz eingekleidet und verhüllt sind, auf uns? Was für eine Bedeutung kommt den noch bestehenden und noch im Gebrauch befindlichen Holzbrücken zu? Wo finden wir heute noch diese musterhafte Einheit zwischen Bauwerk, Wasser und Vegetation; zustande gebracht durch die Integration des verschalten Holzwerks in seine Umgebung? Auf all diese Fragen versuchten wir mit den speziell für diese Arbeit photographierten Bildern eine Antwort zu geben und den bedeutenden Stellenwert der Holzbrücken in der Schweiz wieder in Erinnerung zu rufen, um schliesslich zu verhindern, dass noch mehr dieser wichtigen Monumente mit der Zeit verschwinden.

Hülle und Konstruktion
Unsere Haut, unser Kleid, unser Haus sind die drei Hüllen, in denen wir leben. Der Hülle entgegengestellt sind die tragenden Elemente. Ganz deutlich zeigen die heute noch im Gebrauch stehenden gedeckten, in Holztäfer verkleideten Brücken eine Einheit von Hülle und Konstruktion. Die Zimmerleute von damals haben erkannt, dass zum Schutze der massiven Tragkonstruktion die Brücken mit Holzschalung überstülpt werden können. Im Tragwerk kommen die tragenden Elemente der Konstruktion sichtbar zum Ausdruck, dem Gebilde der Hülle folgt die freiere Form der Verkleidung.

Bestehende Holzbrücken
Insgesamt sind in der Schweiz etwa 154 Holzbrücken erhalten. Viele sind einfache Hausbrücken aus dem 19. Jahrhundert, aus Fachwerk voll verschalt. Sie sehen wie über den Fluss gesetzte Scheunen aus und fügen sich gut in die Landschaft. Seit dem Krieg sind prachtvolle Holzbrücken rücksichtslos niedergerissen und durch teilweise gesichtslose, ortsbildfremde, autobahnkonforme Architektur ersetzt worden. Die Bedeutung der bestehenden Holzbrücken liegt in der geschlossenen Einheit von Landschaft und Bauwerk.

Brückentypen nach technischen und künstlerischen Merkmalen
Man unterscheidet allgemein die Holzbrücken nach ihrer Funktion, nach der Konstruktion und der Form:

Balkenbrücken
Eine einfache Balkenbrücke umfasst eine Balkenlänge oder besteht bei längeren Überspannungen aus Kragbalken. Ältestes erhaltenes Beispiel von Balken auf Holzgerüst ist die Kapellbrücke (um 1300) in Luzern.

Sprengwerkbrücken
Die Fahrbahn ist direkt oder indirekt durch schräge Streben auf Widerlager abgestützt. Dieser Typ war ursprünglich ungedeckt und wurde in der Schweiz vom 16. bis 19. Jahrhundert verwendet. Es gibt Dreieck-, Trapez- und vieleckiges Sprengwerk.

Hängewerkbrücken
Bei einem «überhöhten» Sprengwerk drückt die Last nicht mehr; es entsteht eine Zugverbindung. Die Luzerner Spreuerbrücke vom 15. Jahrhundert weist ein Dreieck- sowie ein Trapezhängewerk auf. Auch die Hunzikenbrücke bei Belp aus dem 19. Jahrhundert besitzt ein Trapezhängewerk.

Spreng-/Hängewerkbrücken
Das Tragsystem (Hängewerk) lastet mehr oder weniger direkt auf dem Spannriegel. Direkte Belastung auf die Spannriegel macht das Hängewerk zugleich zum Sprengwerk. Besonders die Gebrüder Grubenmann haben diesen Typ in genialer Weise entwickelt.

Bogenbrücken
Der Bogen als Tragwerk über dem Niveau der Fahrbahn wurde in der Schweiz im 18. Jahrhundert angewendet. Ein besonders schönes Beispiel eines Bogentragwerks mit einer Spannweite von 60 m ist in der Brücke von Hasle-Rüegsau zu finden.

Fachwerk- und Gitterbrücken
Die Fachwerkbrücken in Holz gelten als die Vorläufer für Stahl- und Eisenbau. Überlagern sich Zug- und Druckstreben gitterartig, spricht man von Gitterbrükken.

Townsche Lattenbrücken
Starke Bretter (Bohlen) verbinden in diagonaler und engmaschiger Anordnung obere und untere Gurtungen miteinander. Aus der lattenartigen Gitterwand entsteht ein tragfähiges Strebefachwerk («lattice truss»).

Howesche Trägerbrücken
Das diagonal gekreuzte Fachwerk wird durch lotrechte Zugstangen künstlich vorgespannt («Howe truss»). Weil dadurch der ursprünglich bestehende Druck grösser ist als die Belastung, kann diese Konstruktion auch Eisenbahnzüge tragen.

Ponts de bois couverts conservés et en partie encore ouverts à la circulation

Où, quoi et comment?
Quelle impression nous font les charpentes dites apparentes des ponts couverts dont l'extérieur est pourtant revêtu de bois? Quelle signification convient-il de donner aux ponts de bois encore existants, et qui continuent d'être utilisés? Ou trouver aujourd'hui un exemple d'unité entre l'édifice et la façon dont s'intègre l'ouvrage recouvert de bois dans la végétation et sur l'eau? A toutes ces questions, nous répondons avec les prises de vue qui ont été réalisées spécialement pour cet ouvrage. Nous voulions en effet rappeler la considération dont jouissaient de par le passé les ponts de bois en Suisse, ceci afin d'empêcher la disparition d'un nombre encore plus grand de ces importants monuments.

Revêtement et charpente
Notre peau, nos habits et notre maison, voilà les trois enveloppes dans lesquelles nous vivons. Eléments porteurs et enveloppe protectrice sont deux choses bien distinctes. Or les ponts revêtus de bois qui continuent d'être utilisés à l'heure actuelle font justement preuve d'unité entre la charpente et le revêtement. Leurs constructeurs avaient reconnu qu'il fallait leur donner une couverture en bois pour assurer leur protection. Dans la superstructure, les éléments porteurs de la construction sont bien visibles et très expressifs; la forme du revêtement obéit à la forme générale de la construction, mais elle est toutefois plus libre que cette dernière.

Ponts de bois existants
Il reste en tout en Suisse environ 154 ponts de bois. Certains d'entre eux datent du XIXᵉ siècle; ce sont de simples «ponts-maisons» entièrement recouverts de planches. Ils ont l'air de granges posées par-dessus les cours d'eau et s'intègrent bien dans le paysage environnant. Depuis la dernière guerre, on a démoli de magnifiques ponts de bois qui ont été en partie remplacés par des ouvrages parfois sans caractère ou étrangers à ce qui les entoure. Toute l'importance des ponts de bois existants tient donc à l'unité entre paysage et édifice.

Types de ponts classés d'après leurs caractéristiques techniques et artistiques
En général, les ponts de bois sont classés d'après la fonction, la construction et la forme:

Ponts constitués d'un rang de poutres
Un pont de ce type est constitué d'un simple rang de poutres posées côte à côte. Des semelles en encorbellement sur les pilotis permettent d'augmenter la portée. Exemple le plus ancien: la Kapellbrücke à Lucerne (vers 1300).

Ponts à contre-fiches
Le tablier est soutenu directement ou indirectement par des décharges inclinées, les contre-fiches. Ce type de pont, non couvert à l'origine, a été utilisé en Suisse du XVIᵉ au XIXᵉ siècle. Il y a des ouvrages à contre-fiches en triangle, en trapèze et en polygone.

Ponts à ferme en arbalète
Quand la ferme est surélevée, la charge n'est plus posée, mais suspendue. D'où un assemblage en traction. La Spreuerbrücke à Lucerne, du XVᵉ siècle: une ferme en arbalète de forme triangulaire, les autres en trapèze. La Hunzikenbrücke près de Belp, du XIXᵉ siècle: des fermes en trapèze.

Ponts à ferme en arbalète et à contre-fiches
La ferme en arbalète pèse plus ou moins sur l'entrait. Une charge pesant directement sur l'entrait fait de la ferme en arbalète en même temps aussi un ouvrage à contre-fiches. Les frères Grubenmann ont développé ce système d'une façon particulièrement géniale.

Ponts en arc
L'arc servant de structure portante situé au-dessus du tablier a été utilisé en Suisse au XVIIIᵉ siècle. Un exemple particulièrement beau: le pont de Hasle-Rüegsau, portée de 60 m.

Ponts en treillis
Ces ponts de bois sont les précurseurs des ponts en treillis en acier et en fer. Quand les contre-fiches en traction et en compression sont superposées à la manière d'un treillis, on parle de ponts en treillis.

Ponts avec âmes de planches croisées (Town)
De fortes planches (madriers) en diagonale croisées et en faisceau relient deux membrures horizontales. Ce treillis de diagonales serrées peut porter des charges très grandes: «lattice truss».

Ponts avec âme de planches croisées et tirants (Howe)
Le treillis diagonal est précontraint par des barres croisées à angle droit: «Howe truss». La pression de la précontrainte devenant plus grande que la traction due à la charge, cette construction convient aussi pour les ponts ferroviaires.

Roofed wooden bridges still in existence and in some cases still in use

What, how, where?
What effect do the exposed roof structures of the covered bridges with external weatherboarding produce upon us? What importance attaches to the timber bridges still in existence and still in use? Where today do we find that exemplary unity between structure, water and vegetation achieved through the integration of the boarded timberwork with its environment? We attempted to provide an answer to all these questions by means of the photographs specially taken for this book, at the same time recalling the importance of wooden bridges in Switzerland with a view to preventing the loss of still more of these important monuments with the passage of time.

Sheath and construction
Our skin, our clothes and our house are the three sheaths in which we live. Opposed to the sheath we have the load-bearing elements. The bridges clad in weatherboarding and still in use today are a remarkably clear demonstration of the unity of sheath and structure. The carpenters of those days realized that, to protect the solid load-bearing structure, the bridges should be clad with weatherboards. The load-bearing elements are exposed and expressed in the supporting structure whereas the cladding follows the freer form of sheathing.

Existing wooden bridges
There is a total of about 154 wooden bridges in Switzerland. Many of them are simple house bridges dating from the 19th century and consisting of a framework completely weatherboarded. They look like barns set over the river and fit well into the landscape. Since the war many a splendid wooden bridge has been ruthlessly demolished and replaced in some cases by bridges without character, out of harmony with local style, and suited only to the needs of the motorways. The importance of existing wooden bridges lies in the unity they create between landscape and structure.

Types of bridge classified by technical and artistic features
Distinctions between wooden bridges are usually made by function, construction and form:

Beam bridges
A simple beam bridge consists of a length of beam or uses cantilevered beams for longer spans. The oldest surviving example of beams on a timber frame is the Kapellbrücke (Chapel Bridge) in Lucerne (c. 1300).

Trussed bridges
The roadway is supported directly or indirectly on oblique struts resting on abutments. This type was originally unroofed and was used in Switzerland from the 16th to 19th centuries. There are triangular, trapezoidal and polygonal trusses.

Hanging truss bridges
With an 'overhead' truss the load no longer presses down but exerts a tensile stress. The 15th century Spreuerbrücke in Lucerne has a triangular (king post) and also a trapezoidal (queen post) hanging truss. The 19th century Hunzikenbrücke near Belp also has a trapezoidal hanging truss.

Composite truss frame bridges
The supporting system (hanging truss) rests more or less directly on the collar beam. A direct load on the collar beams makes the hanging truss at the same time into a normal A-frame supporting truss. The Grubenmann brothers in particular made ingenious use of this type.

Arched bridges
The arch as a supporting structure above the level of the roadway was used in Switzerland in the 18th century. The Hasle-Rüegsau bridge is a particularly fine example of an arched structure with a span of 60 m (196 ft).

Framework and lattice bridges
Framework bridges in timber are regarded as the predecessors of iron and steel bridges. If the tension and pressure members intersect diagonally, we speak of lattice bridges.

Town lattice truss bridges
The top and bottom chords are joined together by thick boards which are arranged diagonally in a close mesh. A lattice truss with a high load-carrying capacity is thus formed.

Howe truss bridges
The lattice is prestressed by means of vertical tension rods to form a Howe truss. The initial compression is greater than the load imposed and consequently this construction can even carry railway trains.

Die ersten Holzbrücken bestanden aus Balken, auch in vorkragender Bauweise auf Widerlager aufgesetzt oder bei grossen Flussübergängen auf Holzjoche aufgebaut (Kapellbrücke in Luzern). Später folgten bei niedrigen Brücken Hängewerke, bei höheren Überbrückungen Sprengwerke oder auch eine Kombination von Hänge- und Sprengwerk. Heute noch dienen die Luzerner Brücken als beliebte Promenaden.

Les premiers ponts de bois étaient faits de simples poutres posées côte à côte. Parfois, les poutres étaient aussi disposées en encorbellement sur les culées. Dans le cas de cours d'eau plus larges, on intercalait des pilotis en bois faisant office d'appuis intermédiaires (Kapellbrücke à Lucerne). Par la suite vinrent les ouvrages à contre-fiches supportant les ponts dont le tablier est situé relativement haut et les fermes en arbalète des ouvrages à tablier suspendu plutôt bas, ainsi qu'une combinaison entre ces deux types de structure portante. Aujourd'hui, les ponts de Lucerne se prêtent à la promenade.

The first wooden bridges consisted of beams resting on abutments, sometimes in a cantilevered arrangement, or supported on wooden piers when the river crossing was wide (Kapellbrücke in Lucerne). Later, hanging trusses were introduced for low bridges, A-frames supporting the horizontal beam for high bridges, or a composite form combining the two types. Today the Lucerne bridges still serve as popular walks.

1
Kapellbrücke in Luzern, um 1300
Die älteste noch intakte Holzbrücke Europas ist die Kapellbrücke (Funktion der Stadtmauer), ursprünglich 285 m lang, im 19. Jahrhundert auf 200 m verkürzt. Im Jahre 1611 entstand der noch heute existierende Bildschmuck in den Giebeln. Die Pfahljoche sind trapezförmig mit diagonaler Verstrebung. Durchschnittlich beträgt die Weite der 28 Brückenöffnungen 7,65 m.

1
Kapellbrücke à Lucerne, vers 1300
C'est le plus ancien pont de bois encore intact en Europe. A l'origine, c'était aussi un rempart. Il mesurait 285 m de long, mais fut raccourci au XIXe siècle, et n'en mesure plus que 200. Les panneaux peints triangulaires placés contre les fermes du toit datent de 1611. Les fermes portantes en trapèze sont renforcées avec des contre-fiches. Ouverture moyenne des 28 travées: 7,65 m.

1
Kapellbrücke (Chapel Bridge) in Lucerne, c. 1300
The oldest timber bridge still intact in Europe is the Kapellbrücke (which formed part of the town defences). It was originally 285 m (934 ft) long but was shortened to 200 m (656 ft). In 1611 the gable panels were decorated with pictures that can still be seen today. The pile trestles are trapezoidal with diagonal strutting. The 28 openings in the bridge have an average width of 7.65 m (25 ft).

Längsschnitt in Brückenachse, Situation, Maßstab 1:1000.

Coupe longitudinale suivant l'axe du pont, situation. Echelle 1:1000.

Longitudinal section in centre line of bridge, situation, scale 1:1000.

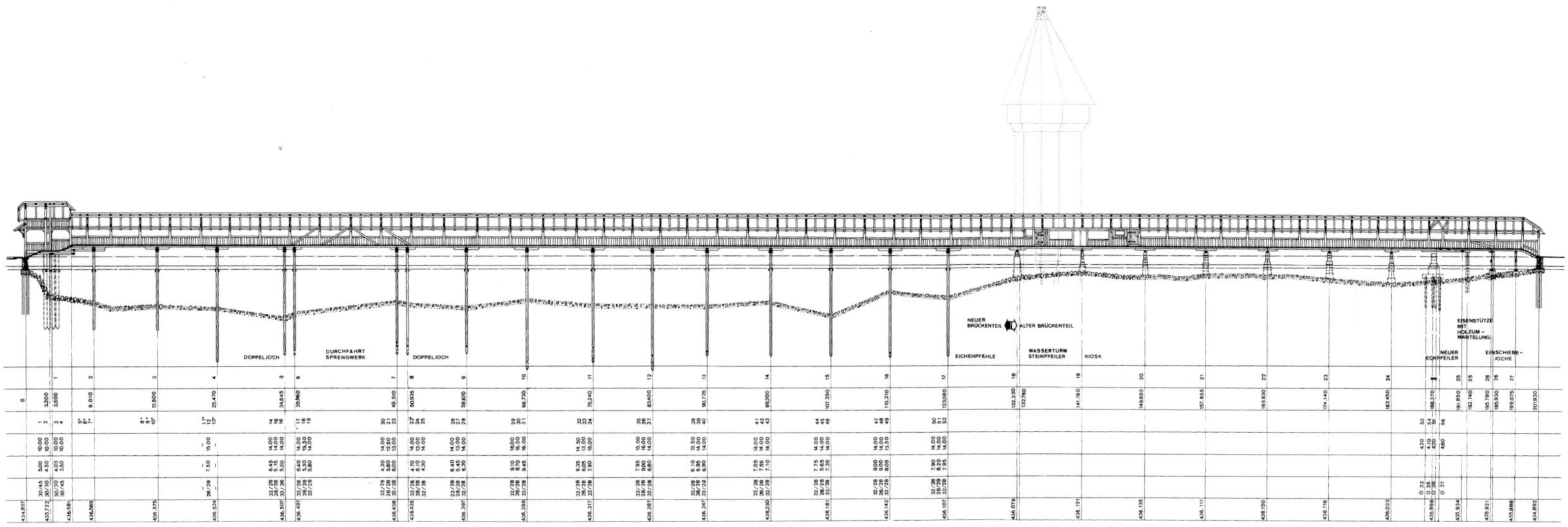

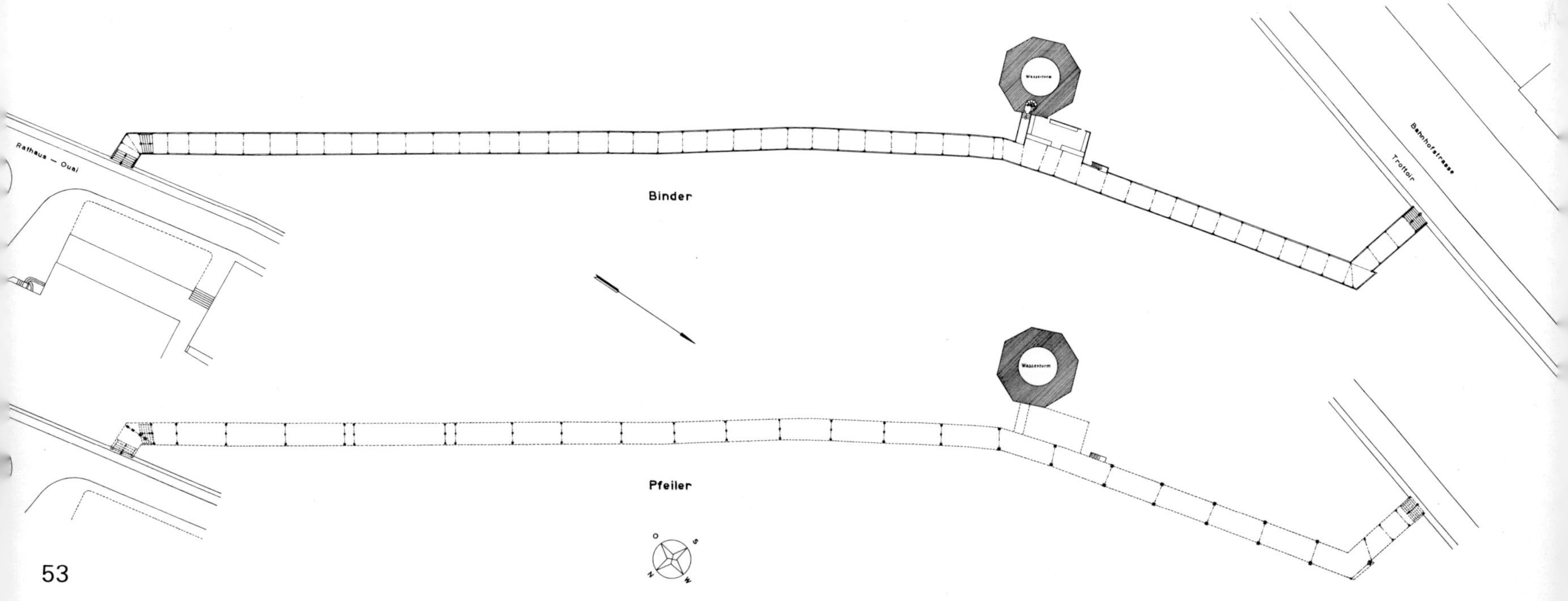

>
Einfache Balken über viele Pfahljoche des schräg verlaufenden Fussgängerstegs führen über den Ausfluss des Vierwaldstättersees.

>
La passerelle pour piétons qui traverse en biais l'extrémité du lac des Quatre-Cantons, de simples poutres posées sur un grand nombre de pilotis.

>
Simple beams set over a large number of pile trestles form a footbridge running diagonally across the outlet of the Lake of Lucerne.

Grundrisse und Schnitte, Maßstab 1:400.

Plans et coupes. Echelle 1:400.

Plans and sections, scale 1:400.

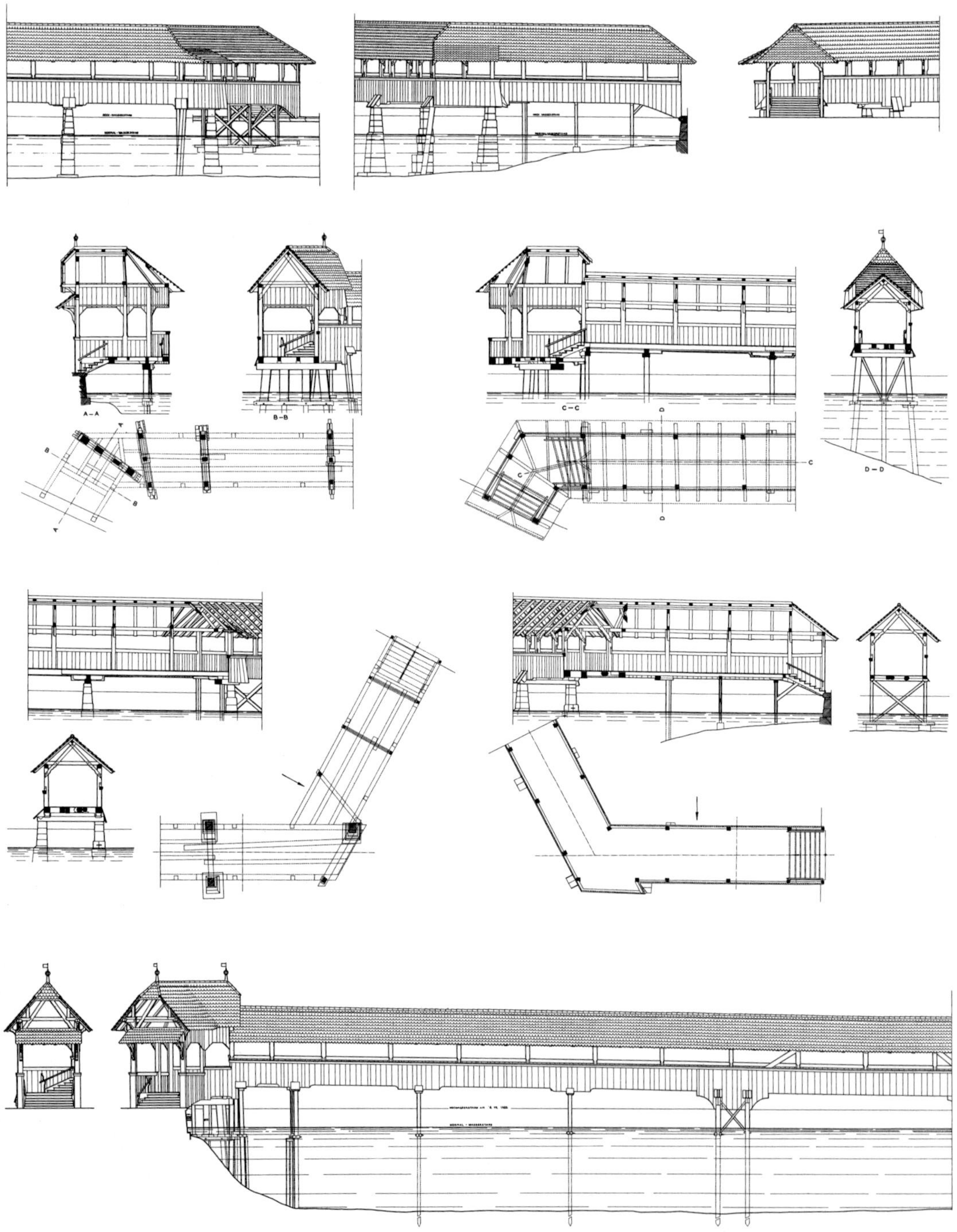

Über der als Durchfahrt dienenden Öffnung von 15 m, bestehend aus einem Hängewerk mit Streben, Bildschmuck mit lustigen, weltlichen Historien von 1611.

Au-dessus du passage de 15 m de haut, une ferme en arbalète et à contre-fiches. Très beaux panneaux peints datés de 1611.

A hanging truss spans an opening of 15 m (50 ft). Decorated panels with amusing scenes from secular histories dating from 1611.

Kapellbrücke, früher Stadtbefestigung zu Wasser (zugleich Wehrgang). Letzte grosse Renovation: 1969.

Kapellbrücke, ancienne fortification en direction du lac (chemin de ronde). Dernière grande rénovation: 1969.

Kapellbrücke (Chapel Bridge), formerly part of the town's water defences (roofed sentry walk). Last major renovation in 1969.

2
Spreuerbrücke in Luzern, um 1400
Der erste Bau wurde 1566 von einem Sturm zerstört. Dem Neuaufbau von 1568 wurde eine kleine Kapelle mit Steinpfeilern zugetan. Der längere Teil des Bauwerks ist eine Hängewerkkonstruktion, der kleinere Teil wird von zwei Holzbogenelementen getragen.

Grundriss, Längs- und Querschnitt, älterer Teil, Maßstab 1:400.

2
Spreuerbrücke à Lucerne, vers 1400
Le premier pont fut détruit par une tempête en 1566. Reconstruit en 1568, avec pilier en pierre et petite chapelle. La partie longue de la construction est portée par un ouvrage en arbalète, la plus petite est soutenue par deux éléments en forme d'arc.

Plan, coupes longitudinale et transversale, partie ancienne. Echelle 1:400.

2
Spreuerbrücke in Lucerne, c. 1400
The first structure was destroyed in 1566 by a storm. When the bridge was rebuilt in 1568 a small chapel with stone pillars was added to it. For the greater part of its length the bridge is a hanging truss construction whereas the shorter section is borne by two wooden arch elements.

Plan, longitudinal and cross section, old part, scale 1:400.

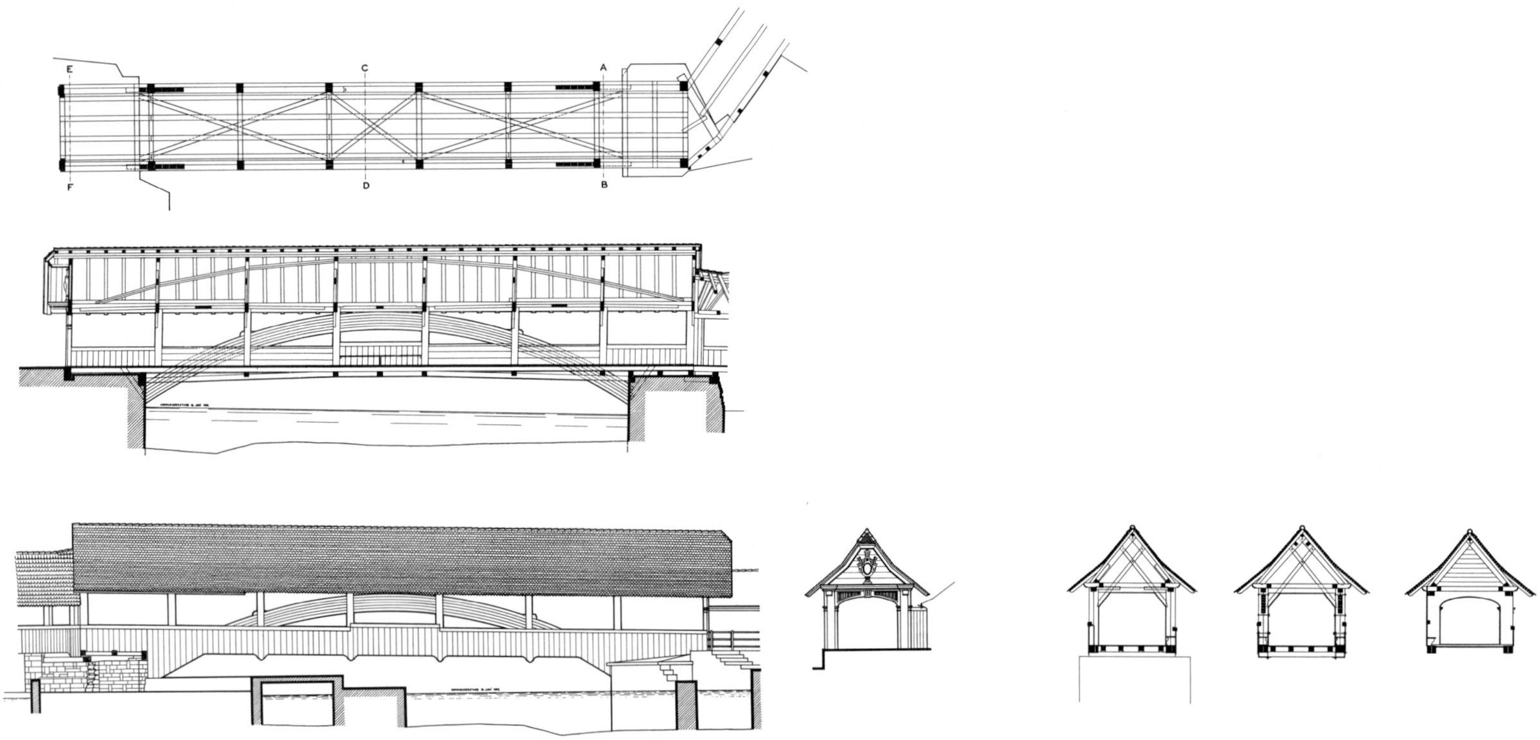

Grundriss, Längs- und Querschnitt, neuerer Teil, Maßstab 1:400.

Plan, coupes longitudinale et transversale, partie nouvelle. Echelle 1:400.

Plan, longitudinal and cross section, new part, scale 1:400.

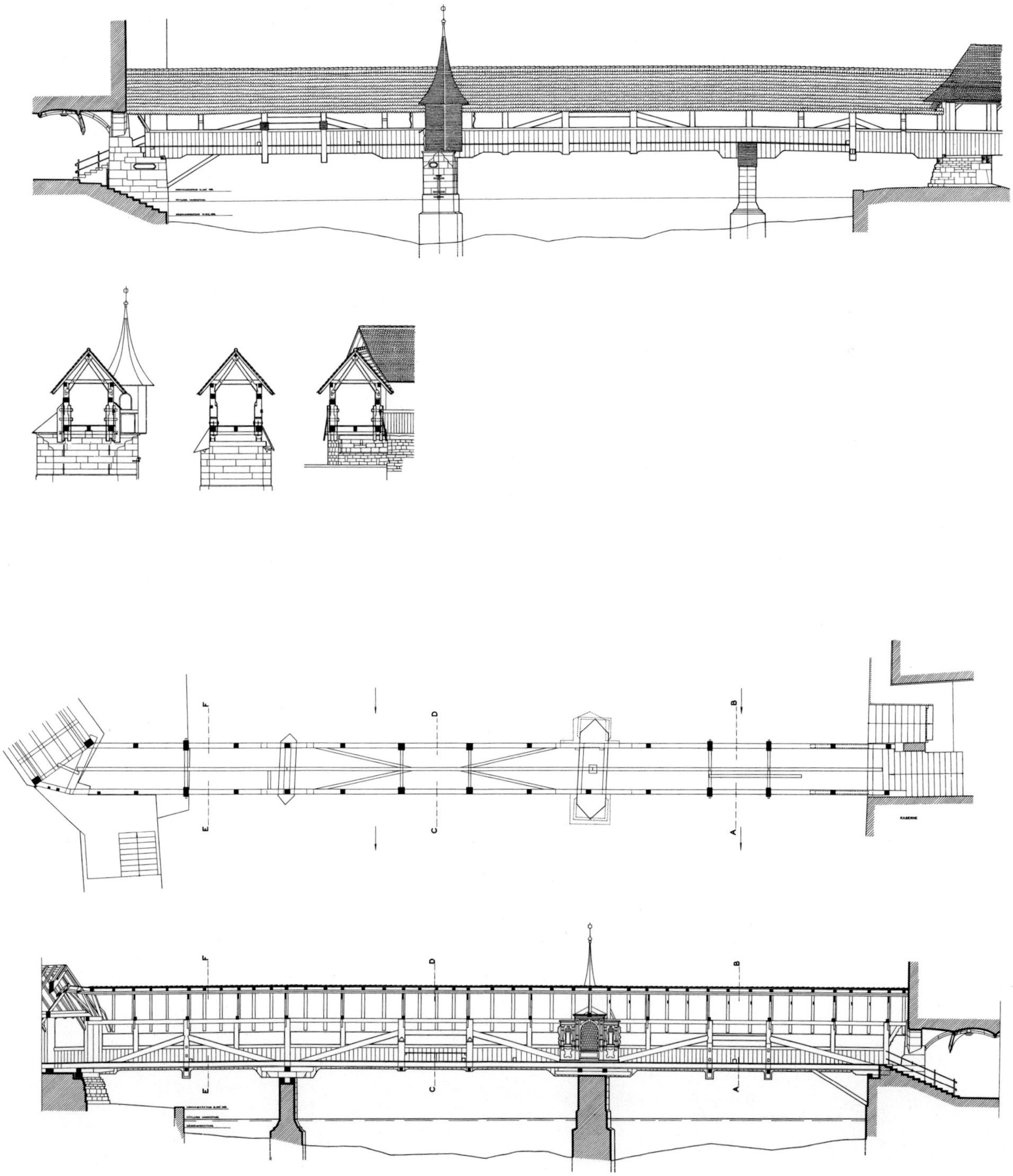

Die Spreuerbrücke ist ein gedeckter Fussgängersteg von etwa 80 m Länge.

La Spreuerbrücke est une passerelle couverte pour piétons, d'environ 80 m de long.

The Spreuerbrücke is a covered footbridge about 80 m (262 ft) in length.

Die Krümmung in der Wegführung als Erlebnisbereich. Das Bauwerk besitzt an den Giebeln schöne Holztafeln.

Faire l'expérience de la courbe du chemin et admirer les panneaux peints.

The bend in the bridge adds variety to the view. Attractive wooden panels decorate the gables.

>
Unweit der Kapellbrücke liegt die rustikal wirkende Spreuerbrücke.

>
Non loin de la Kapellbrücke, la Spreuerbrücke, d'apparence plus rustique.

>
Downstream from the Kapellbrücke stands the rustic-looking Spreuerbrücke.

3
Reussbrücke in Bremgarten AG, 1549

Zwei kleinere Kapellen, St. Nepomuk und die gegenüberliegende Agatha-Kapelle, über dem dritten Brückenjoch verleihen den geistlichen Schutz. Das Hängewerk besteht aus segmentbogig gekrümmten Tragbalken von etwa 15 m Spannweite. Der gezimmerte Dachstuhl wurde in Scherenkonstruktion ausgeführt. Das Gesamtwerk wurde zusätzlich durch das Bollhaus gegen Feinde geschützt.

Grundriss und Schnitt, Maßstab 1:200.

3
Pont sur la Reuss à Bremgarten AG, 1549

Deux petites chapelles Saint-Népomucène et une chapelle Sainte-Agathe sur le troisième pilier assurent la protection spirituelle de l'ouvrage, une tour fortifiée sa défense militaire. L'appareil porteur est constitué de poutres cintrées en arc de cercle. Portée d'environ 15 m, charpente du toit en croix de Saint-André.

Plan et coupe. Echelle 1:200.

3
Bridge over the Reuss at Bremgarten AG, 1549

Divine protection is provided by two small chapels – St Nepomuk's and St Agatha's opposite – on the third pier of the bridge. The hanging truss consists of segmental arches of curved beams with spans of about 15 m (50 ft). The roof structure was executed with forked mortise and tenon joints. The whole was afforded additional protection against hostile attack by the bastion.

Plan and section, scale 1:200.

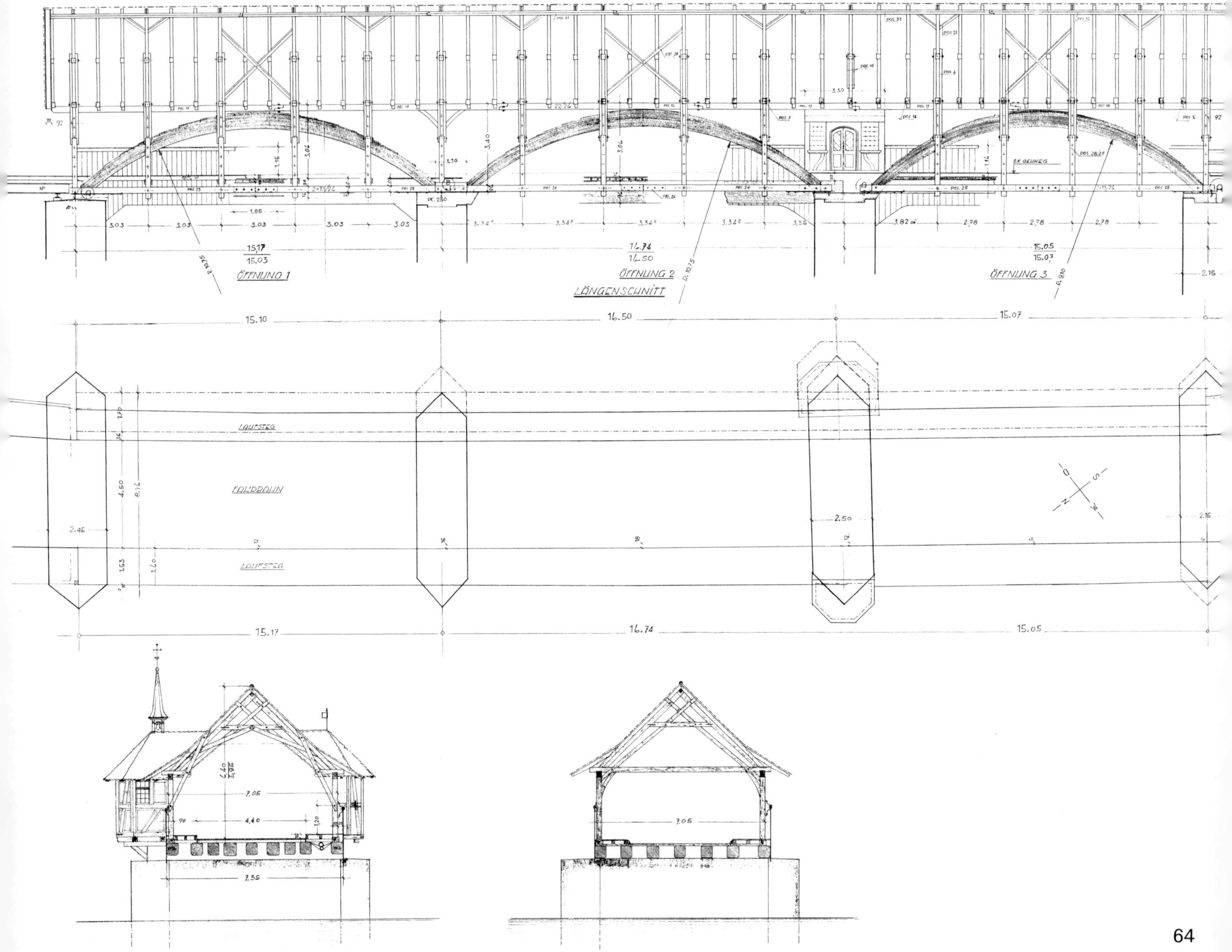

Über dem dritten Brückenjoch die St.-Nepomuk-Kapelle.

Au troisième pilier, la chapelle Saint-Népomucène.

The chapel of St Nepomuk stands on the third pier.

Verkehrsansprüchen gemäss wurde die Brücke von 1953 bis 1957 verbreitert und erneuert.

Pour satisfaire aux exigences du trafic, le pont fut élargi et rénové en 1953—1957.

To meet traffic requirements the bridge was widened and renovated in 1953—1957.

Gegliederte Streben des Hängewerks. Contre-fiches articulées des fermes. The jointed struts of the hanging truss.

Sichtbar sind die drei verleimten Tragbogen.

Les trois arcs porteurs collés sont visibles.

The three laminated arches can be clearly seen.

Flankierende Bauten an den Brückenköpfen. Heute noch als Querverbindung zwischen Zürich und dem oberen Aargau benützt.

Bâtiments flanquant la tête du pont. On l'emprunte encore aujourd'hui pour aller de Zurich en Haute Argovie.

Structures flanking the bridgeheads. The bridge still serves as a link between Zurich and Upper Aargau.

Ostschweiz
70–101

In der Nähe von St. Gallen wirkte im 18. Jahrhundert eine ganze Dynastie von Baumeistern aus der Familie Grubenmann. Unter ihnen fand das Spreng-/Hängewerk die kühnsten Lösungen – die sogenannten Grubenmannschen Brücken. Diese Zeugnisse ostschweizerischer Zimmermannsarbeit von werkmässiger Bauweise und betonter Materialechtheit bestimmen den ästhetischen Eindruck in freier Landschaft.

Suisse orientale
70–101

La dynastie des Grubenmann est originaire de Teufen, près de St-Gall. Les constructeurs de cette famille ont réalisé de nombreux ponts dans la région. Ils ont développé au XVIIIe siècle une nouvelle forme d'ouvrage porteur combinant audacieusement la ferme en arbalète avec les contre-fiches – on parle de ponts à la Grubenmann. Ces témoignages du travail des charpentiers de la Suisse orientale sont de vrais chef-d'œuvres au point de vue de leur construction et de l'authenticité du matériau. Très esthétiques, ils font beaucoup d'effet dans le paysage.

Eastern Switzerland
70–101

During the 18th century there was a whole dynasty of master builders from the Grubenmann family working in Eastern Switzerland. They devised the boldest version of the composite truss frame bridge known as the Grubenmann bridge. The structures they erected are fine examples of Eastern Swiss carpentry. Their craftsmanship and the congruence of design and material determine the aesthetic impression created in the open landscape.

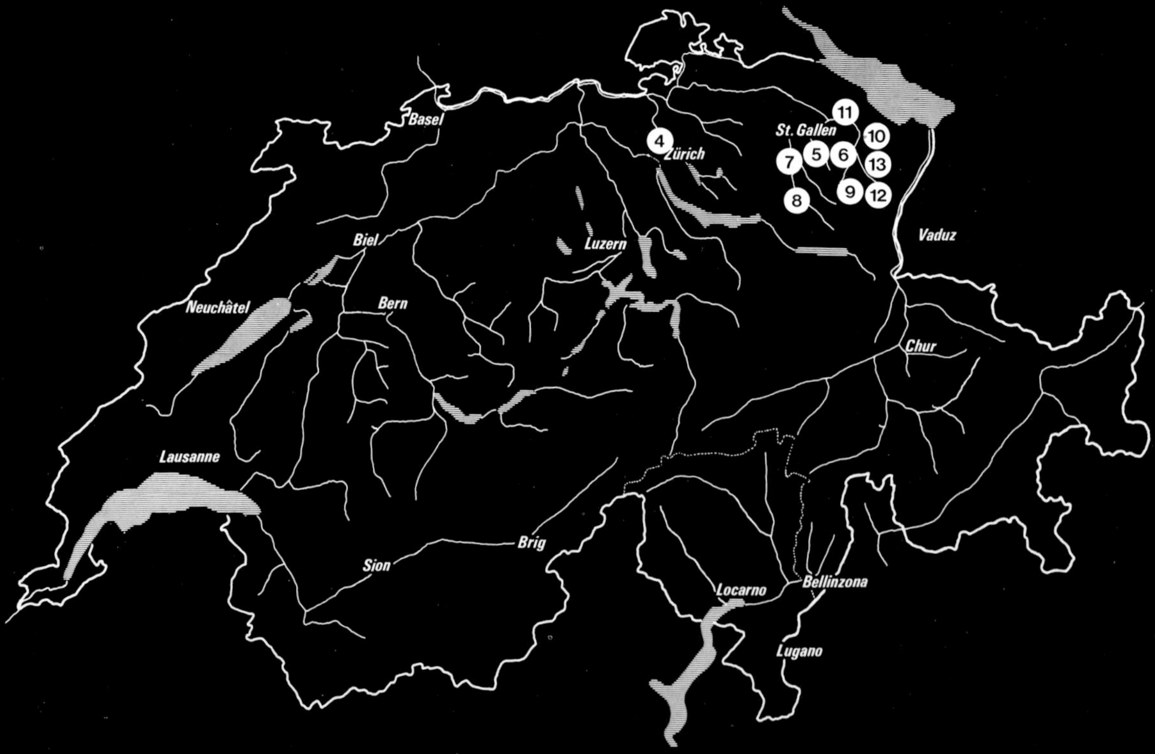

4
Rümlangbrücke bei Oberglatt ZH, 1766/67
Die älteste erhaltene Holzbrücke von Grubenmanns Bruder Johannes (1707–1771) befindet sich heute (1950 flussaufwärts versetzt) im Wäldchen zwischen Rümlang und Glattbrugg. Die Bogenbrücke wurde 1923 verstärkt.

Grundrisse und Schnitte, Maßstab 1:200.

4
Rümlangbrücke près de Oberglatt ZH, 1766/67
C'est le plus ancien des ponts de bois de Johannes Grubenmann (1707–1771), frère de Hans Ulrich, qui soit parvenu jusqu'à nous. Il se trouve aujourd'hui (après avoir été déplacé en aval en 1950) dans la petite forêt située entre Rümlang et Glattbrugg. Ce pont à arcs avait dû être consolidé en 1923.

Plan et coupe. Echelle 1:200.

4
Rümlangbrücke near Oberglatt ZH, 1766/67
The oldest surviving timber bridge by Grubenmann's brother Johannes (1707–1771) is today located in the little wood between Rümlang and Glattbrugg, having been moved upriver in 1950. The arched bridge was reinforced in 1923.

Plans and sections, scale 1:200.

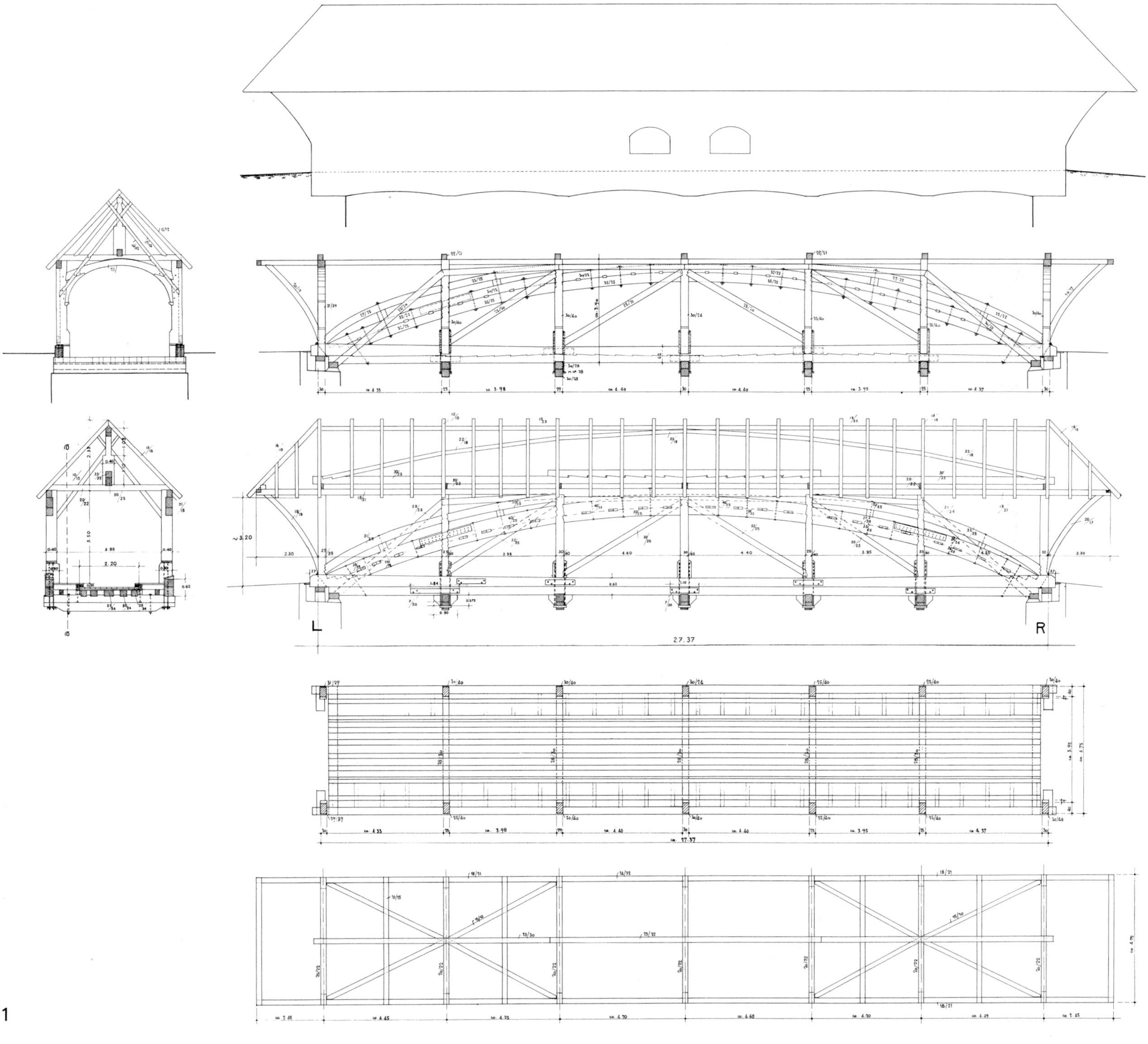

Alles um ein Dach vereint: Konstruktion und Wegführung.

Réunis sous un même toit: construction et chemin.

Everything united under one roof: structure and passageway.

Einpassung der dunklen Erscheinung der gedeckten Brücke in den Landschaftsraum.

La masse sombre du pont s'insère dans l'espace du paysage.

The dark shape of the covered bridge merges into the landscape.

5
Hundwilertobel-Brücke AR, 1778
Die sogenannte «sprechende Brücke», ein Werk von Hans Ulrich Grubenmann aus Teufen AR (1709–1783), 1974 unter Bundesschutz gestellt. Fünfseitige Stabpolygone tragen die Brücke. Das Dach ist mit Schindeln belegt.

Grundriss Fahrbahn und Dachstuhl, Längs- und Querschnitt, Maßstab 1:250.

5
Pont du Hundwilertobel AR, 1778
On l'appelle «le pont qui parle». Il est l'œuvre de Hans Ulrich Grubenmann (1709–1783), de Teufen AR. Est placé sous la protection de la Confédération depuis 1974. La structure portante est un cours de cinq poutres disposées en segment de polygone. Le toit est couvert de bardeaux.

Plan de la chaussée et de la charpente du toit, coupes longitudinale et transversale. Echelle 1:250.

5
Hundwilertobel-Brücke AR, 1778
The 'talking bridge', as it is called, is a work by Hans Ulrich Grubenmann from Teufen AR (1709–1783) and was placed under Federal protection in 1974. The bridge is carried on multiple hanging trusses. The roof is covered with shingles.

Plan of roadway and roof structure, longitudinal and cross section, scale 1:250.

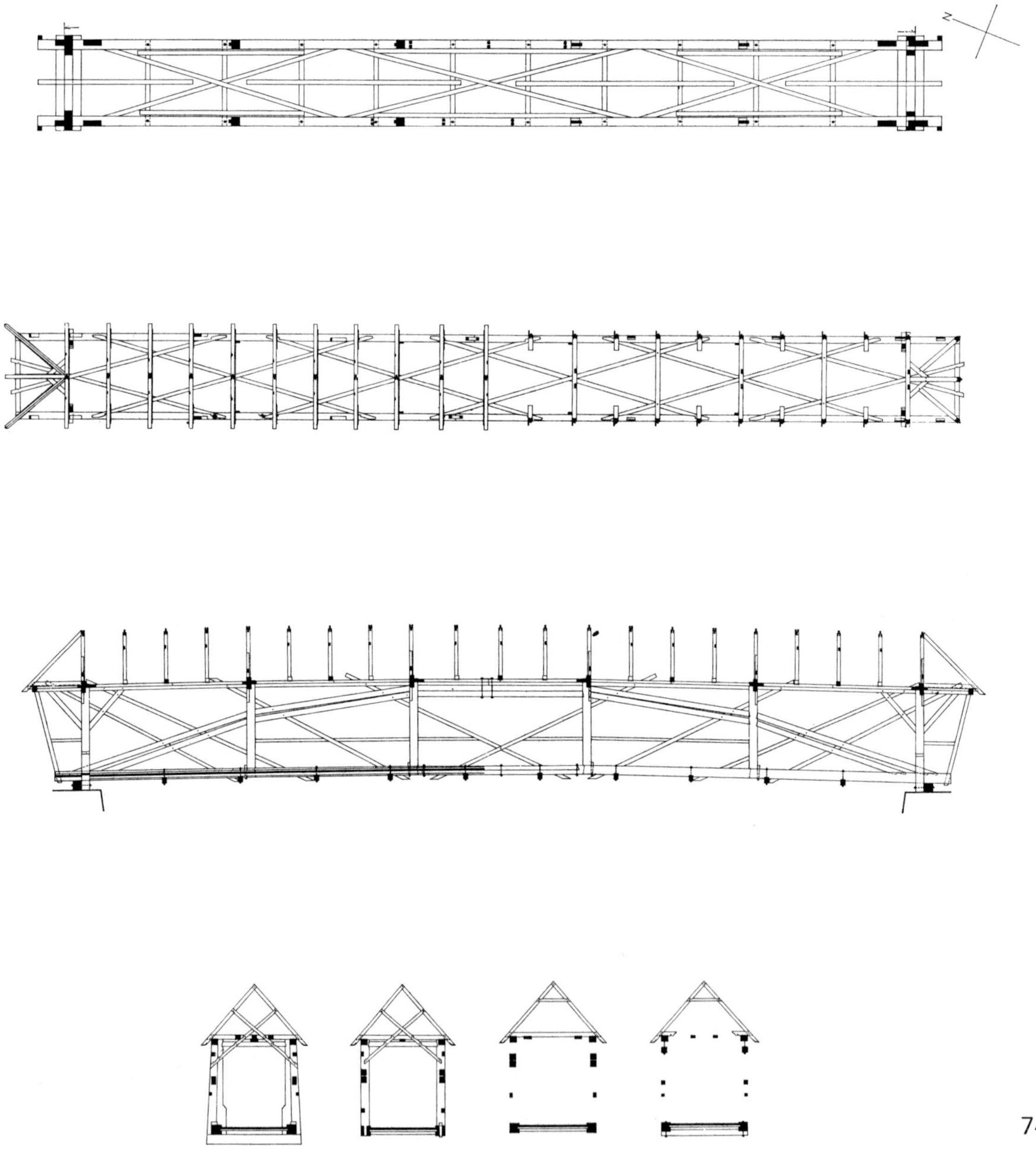

Gegensatz zwischen der bewachsenen Umgebung und der holzverschalten Wand.

Contraste entre les environs boisés et la paroi habillée de planches.

Contrast between the natural vegetation of the surroundings and the weatherboarding.

Waldreiche Gegend der Ostschweiz, ein reines Holzbaugebiet.

Région boisée de la Suisse orientale — vrai pays de la construction en bois.

Thickly forested area in Eastern Switzerland; a region where construction is almost exclusively in timber.

Bohlen als Verkehrsebene, Bretter als Verschalung.

Des madriers pour la chaussée, des planches pour le revêtement.

Thick planks as roadway; weatherboards as cladding.

Klare Gliederung der oberen Windverbände.

Claire articulation du contreventement supérieur.

Lucid arrangement of upper wind bracing.

6
Kubelbrücke im Kubel bei Herisau und Stein AR, 1780
Das Bauwerk wurde von Baumeister Hans Ulrich Grubenmann ohne Zuhilfenahme von Nägeln oder Eisenklammern drei Jahre vor seinem Tode mit fünfseitigem Stabpolygon erbaut.

Grundriss Fahrbahn und Dachstuhl, Längs- und Querschnitt, Maßstab 1:250.

6
Kubelbrücke près de Herisau et Stein AR, 1780
L'ouvrage, porté par un polygone de cinq poutres, a été réalisé par le maître-constructeur Hans Ulrich Grubenmann trois ans avant sa mort, sans l'aide de clous ni de crampons.

Plan de la chaussée et de la charpente du toit, coupes longitudinale et transversale. Echelle 1:250.

6
Kubelbrücke in the Kubel near Herisau and Stein AR, 1780
The bridge was built three years before his death by Hans Ulrich Grubenmann. It is constructed with multiple hanging trusses without nails or iron dogs.

Plan of roadway and roof structure, longitudinal and cross section, scale 1:250.

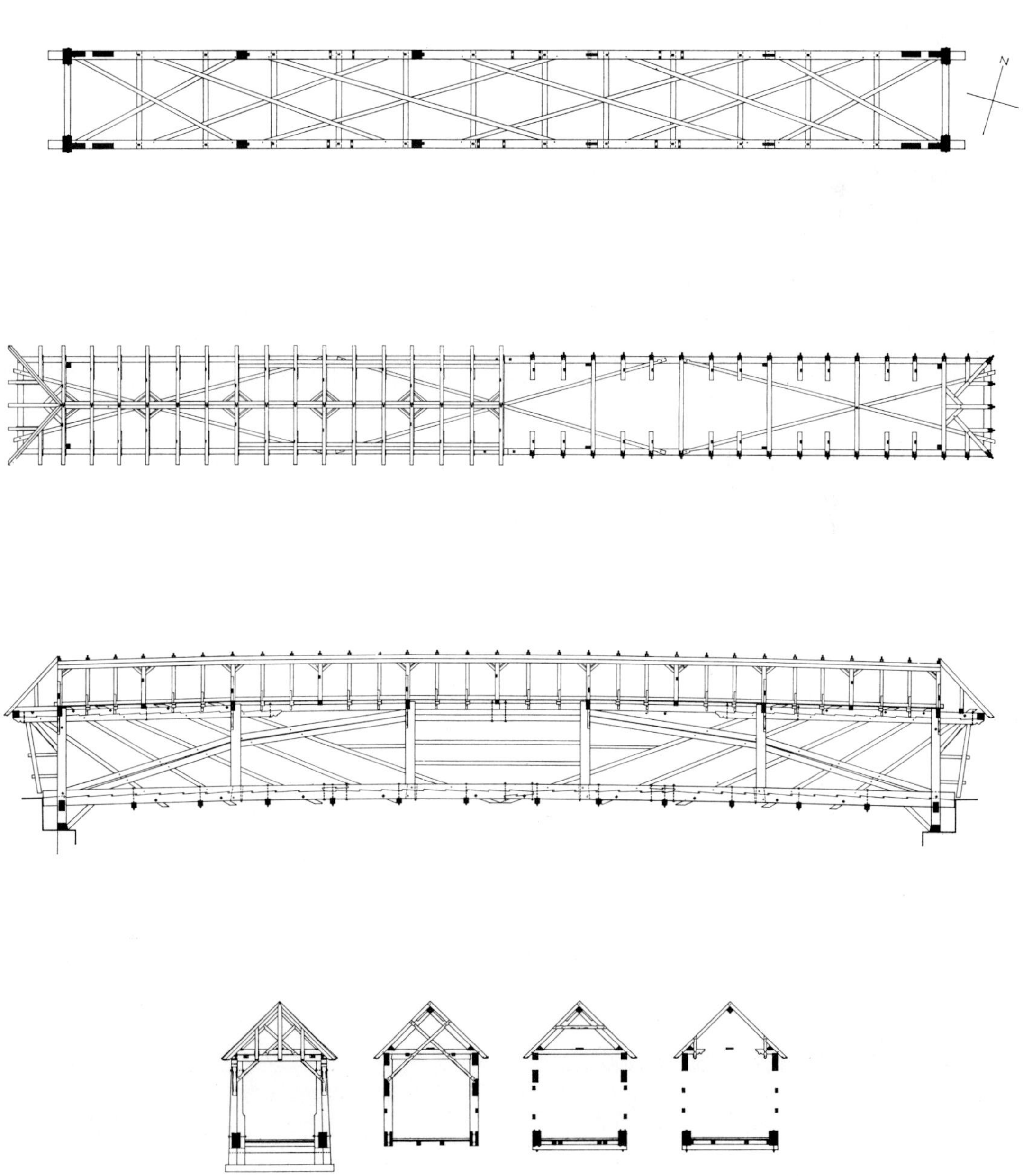

Dachstuhlkonstruktion, wie ein «Puzzle» durchgestaltet.

La charpente du toit: comme un «puzzle».

The roof structure displays the intricacy of a puzzle.

7
Wyssenbachtobel-Brücke bei Schwänberg AR, 1782

Der Baumeister Johannes Knellwolf von Herisau hat die Brücke über dem Wyssenbachtobel (665 m ü. M.) in fünfseitigen Stabpolygonen konstruiert.

7
Pont du Wyssenbachtobel près de Schwänberg AR, 1782

C'est le constructeur Johannes Knellwolf de Herisau qui a construit ce pont porté par cinq poutres disposées en segment de polygone sur le Wyssenbachtobel (665 m au-dessus du niveau de la mer).

7
Wyssenbachtobel-Brücke near Schwänberg AR, 1782

The master builder Johannes Knellwolf of Herisau built the bridge over the Wyssenbachtobel (665 m [2181 ft] a.s.l.) using multiple hanging trusses.

Grundriss Fahrbahn und Dachstuhl, Längs- und Querschnitt, Maßstab 1:250.

Plan de la chaussée et de la charpente du toit, coupes longitudinale et transversale. Echelle 1:250.

Plan of roadway and roof structure, longitudinal and cross section, scale 1:250.

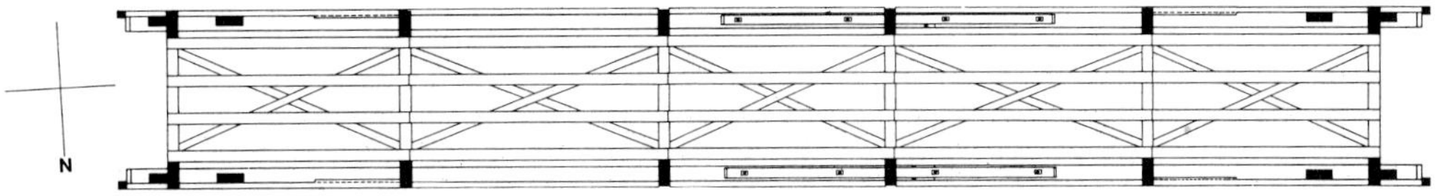

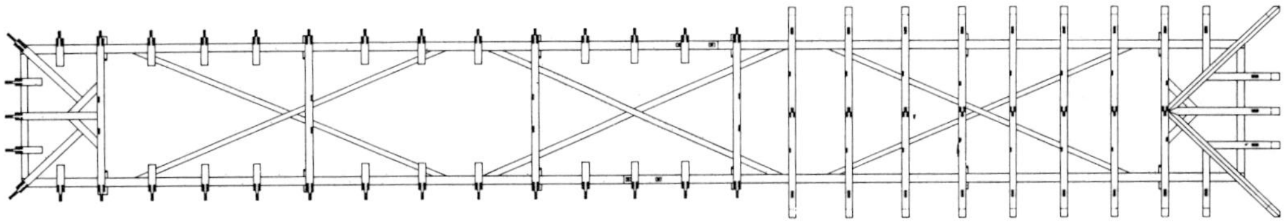

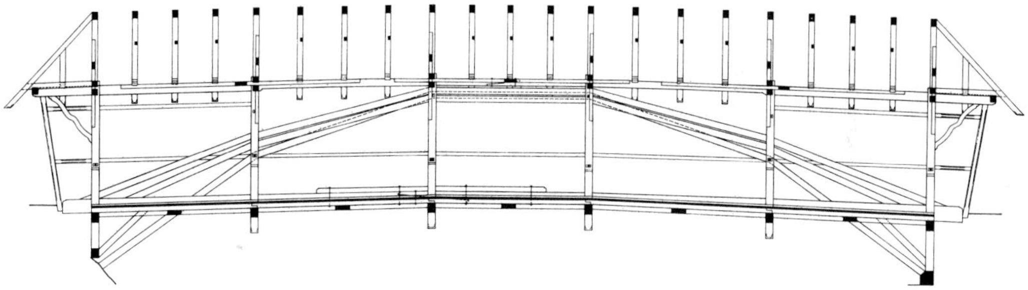

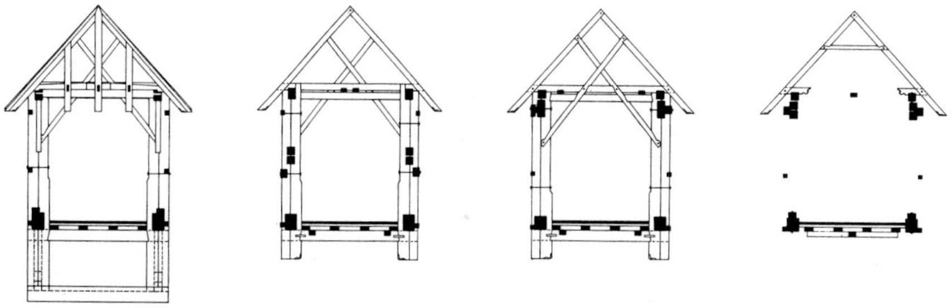

Jeder Stab ist sinnvoll und zweckmässig.

Chaque pièce de bois est fonctionnelle.

Each strut is placed so as to perform its function efficiently.

Unterer Windverband mit gekreuzten Balken.

Contreventement inférieur avec poutres croisées.

Lower wind bracing with intersecting beams.

Schmuckstück in der Landschaft.

Un bijou dans la nature.

An ornament to the landscape.

8
Thurbrücke bei Lütisburg SG, 1790
Johann Ulrich Haltiner war der Erbauer der südlich von Lütisburg liegenden Brücke. Der Unterbau besteht aus Dreiecksprengwerken. Die Druckstreben stossen die Fahrbahn in die Längsmitte.

Fussgängerebene von der Fahrbahn getrennt.

8
Pont sur la Thur près de Lütisburg SG, 1790
L'appareil porteur consiste en ouvrages à contre-fiches de forme triangulaire. Les contre-fiches sont appuyées l'une contre l'autre sous le milieu des poutres qu'elles soulagent.

Une voie séparée pour les piétons.

8
Thurbrücke near Lütisburg SG, 1790
The substructure consists of triangular trusses. The struts abut the roadway along the centre line.

The pedestrian walk is separated from the roadway.

>
Übereinstimmung von Naturgestalt und Bauwerk.

>
La technique artistique et l'élémentaire naturel.

>
Harmony between natural setting and man-made structure.

Schutz durch vorragendes Dach und Verschalung von der Wetterseite.

Protégé par la saillie du toit et par le revêtement de planches du côté du vent.

Protection afforded by the projecting roof and weatherboarding on the weather side.

9
Sitterbrücke in der Spisegg (St. Gallen-St. Josefen), 1779
Vom Bauwart des Stiftes St. Gallen, Johann Ulrich Schefer von Rotmonten, erbaut. Ein Werk an der Wende vom Polygon- zum Bogensystem.

9
Pont sur la Sitter dans la Spisegg, entre St. Josephen et St-Gall, 1779
Construit par Johann Ulrich Schefer von Rotmonten, responsable des constructions du chapitre de Saint-Gall. Un ouvrage marquant le passage du polygone à l'arc.

9
Bridge over the Sitter in the Spisegg (St Gall-St Josefen), 1779
Built by the superintendent of building of the Abbey of St Gall, Johann Ulrich Schefer von Rotmonten. The structure was built at a time when the polygonal system was being replaced by arches.

Die Auskragung der Bretterverschalung schützt die Konstruktion. Ornament ohne Ornament.

Les planches sont assez longues pour bien protéger la construction. Ornementation sans ornements.

The overhang of the weatherboarding protects the structure and, without actually being an ornament, makes an aesthetically pleasing feature.

Das grosse, aus vier verzahnten Balken zusammengesetzte Trapez.

Le grand trapèze fait de quatre poutres endentées et assemblées.

The large trapezoid is composed of four indented beams.

Das Technisch-Künstlerische und das Elementar-Naturhafte.

Forme naturelle et bâtiment s'accordent.

The artistry of technical design is set off by the elemental strength of nature.

Der untere Windverband mit Andreas-Kreuz.

Contreventement inférieur avec croix de Saint-André.

The lower wind bracing with diagonal struts.

10
Grosse Brücke, 1787, und Kleine Brücke, vor 1787, in Zweibruggen AR
Grosse Brücke, um 1787 von Werkmeister Hans Jörg Altherr gebaut.

Grundriss, Längs- und Querschnitt, Maßstab 1:250.

10
Grosse Brücke, 1787, et Kleine Brücke, avant 1787, à Zweibruggen AR
La Grosse Brücke est due au maître d'œuvre Hans Jörg Altherr.

Plan, coupes longitudinale et transversale. Echelle 1:250.

10
Large bridge, 1787, and small bridge, before 1787, at Zweibruggen AR
The large bridge was constructed c. 1787 by Hans Jörg Altherr.

Plan, longitudinal and cross section, scale 1:250.

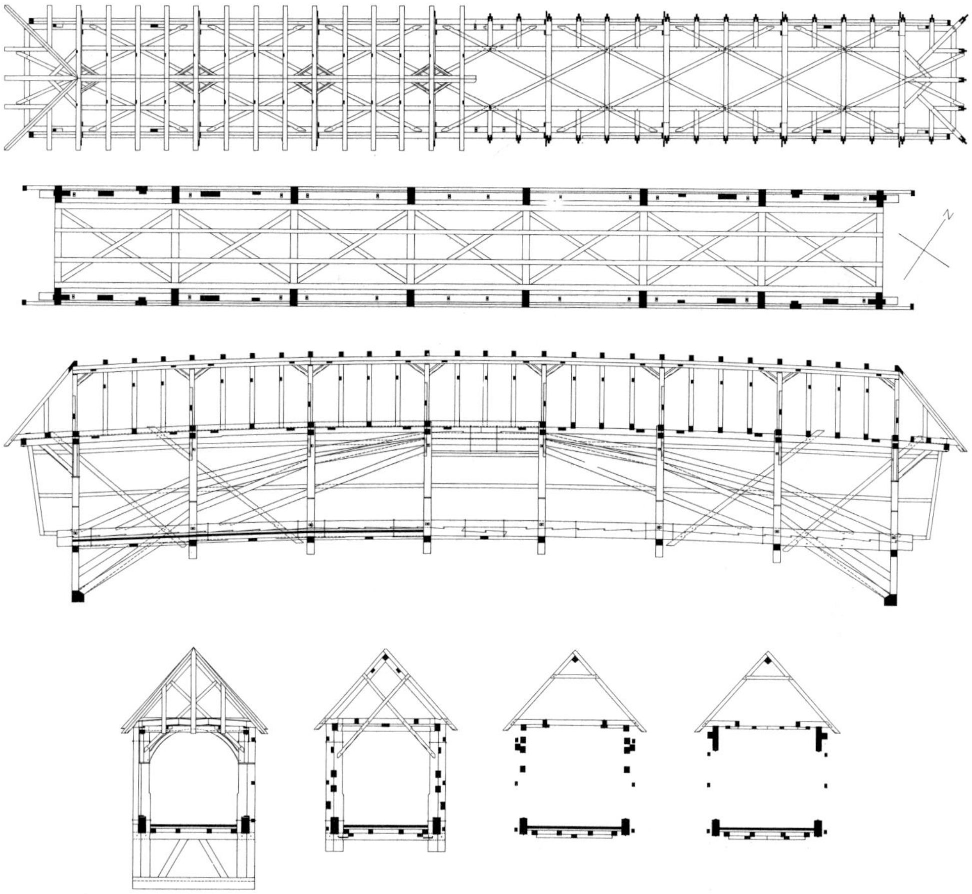

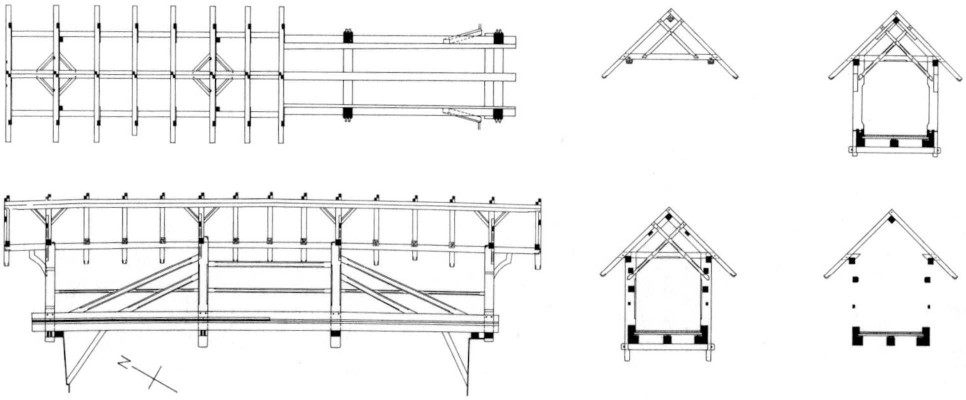

11
Wannenbrücke bei Wittenbach–Unterlöhren SG, 18. Jh.
Hängepfosten erfassen die unteren Querbalken zangenartig. Die Windverbände (Andreaskreuze) stabilisieren die Fahrbahn.

11
Wannenbrücke près de Wittenbach–Unterlöhren SG, XVIIIe siècle
Les poinçons en moise enserrent les entretoises inférieures comme des tenailles. Le contreventement en croix de Saint-André stabilise la chaussée.

11
Wannenbrücke near Wittenbach–Unterlöhren SG, 18th century
Truss posts hold the lower transverse beams like pincers. The wind bracing (diagonal struts) stabilizes the roadway.

Längsschnitt, Maßstab 1:200.

Coupe longitudinale. Echelle 1:200.

Longitudinal section, scale 1:200.

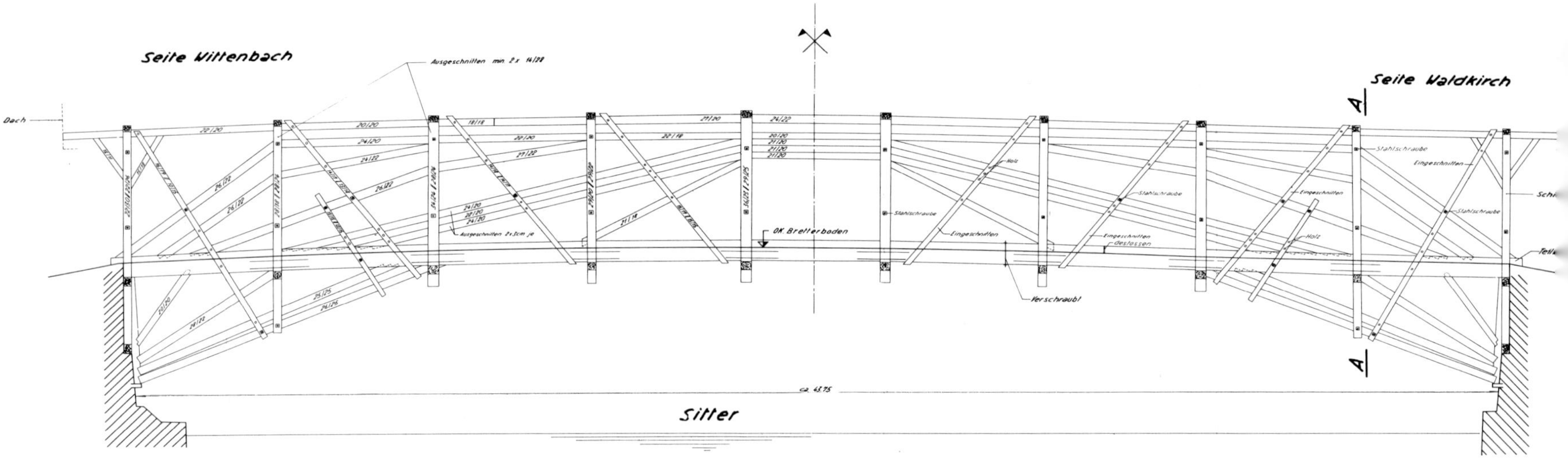

Winziger Lichtschlitz in schützender Bretterwand.

Une minuscule fente de lumière dans la paroi protectrice.

Chink of light in the protective weatherboarding.

12
Listbrücke bei Haslen–Stein AR, 20. Jh.
Die Brücke wurde im Wiederholungskurs durch die Mot. Sap. Kp. III/6 1950 erbaut und dient heute dem öffentlichen Verkehr.

12
Listbrücke près de Haslen–Stein AR, XXe siècle
Pont construit pendant un cours de répétition en 1950 par la compagnie III/6 des sapeurs motorisés. Est ouvert à la circulation.

12
Listbrücke near Haslen–Stein AR, 20th century
The bridge was built in 1950 during a refresher course by a company of the Swiss army engineering corps and today is used for public transport.

Gegensatz der bewachsenen Umgebung zur hölzernen Wand.

Les environs boisés contrastent avec la paroi de planches.

Contrast between the natural vegetation and the wooden parapet.

Niedrige Seitenschalung in der gedeckten Holzbrücke, die heute noch dem motorisierten Verkehr dient.

Revêtement latéral bas bordant le pont que continuent d'emprunter les véhicules à moteur.

Low weatherboarding along the sides of the covered timber bridge which still carries motor traffic.

Ausstrahlungskraft in der Baugestalt. Formes très expressives. Expressive power in structural design.

13
Obere Lochmühle-Brücke bei Steigbach-Bühler AR, 20. Jh.
Verschalte, mit Walmdach und Wetterschirm konstruierte Holzgitterbrücke aus gekreuzten und gegenseitig mit Holzzapfen verdübelten Bohlenbrettern.
Baujahr 1862. Demontiert und neu aufgestellt 1972.

13
Pont de la Obere Lochmühle près de Steigbach-Bühler AR, XXe siècle
Pont de bois en treillis revêtu de planches, avec toit en croupe boîteuse et avant-toit, fait de madriers croisés et chevillés.
Année de construction: 1862. Démonté et reconstruit en 1972.

13
Obere Lochmühle-Brücke near Steigbach-Bühler AR, 20th century
A wooden lattice bridge of pegged crossed planks clad with boards and provided with a hipped roof and weather protection.
Built in 1862. Dismantled and re-erected in 1972.

Holzdübel bereichern den Diagonalverband.

Effets de chevilles sur les éléments diagonaux.

Wooden dowels add a decorative note to the diagonal bracing.

Rheinbrücken
102–115

Ponts sur le Rhin
102–115

Rhine bridges
102–115

Die erste mittelalterliche Brücke über den Rhein wurde 1225 n. Chr. an dessen Oberlauf in Basel gebaut. Etwa 40 km flussaufwärts liegt die längste, heute noch in Gebrauch befindliche Holzbrücke Europas, die Verbindung von Stein AG mit Säckingen (D).

C'est à Bâle que fut construit au moyen âge le premier pont sur le Rhin, en 1225. Environ 40 km en amont se trouve le plus long pont de bois encore en service d'Europe. Il relie Stein AG à Säckingen (D).

The first medieval bridge over the Rhine was built in 1225 AD on the upper course of the river in Basle. Some 40 km (25 miles) upstream stands the longest timber bridge still used today in Europe. It links Stein in Switzerland with Säckingen in the Federal Republic of Germany.

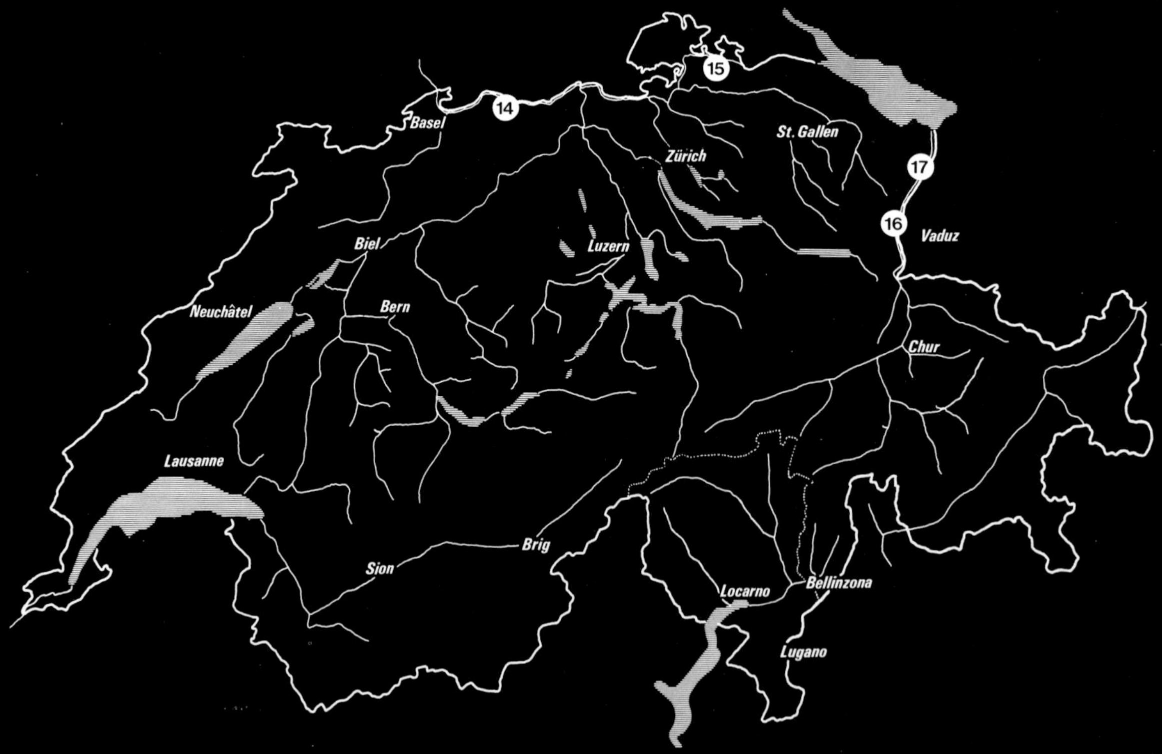

14

Rheinbrücke Stein–Säckingen, 1270, Neubau 1570–1630

Mit 290 m Länge ist sie die bedeutendste gedeckte Holzbrücke und ein Meisterwerk der Brückenbaukunst aus jener Zeit. In ihren Seitenwänden tragen sieben Spreng- und Hängewerke die Fahrbahn.

14

Pont sur le Rhin à Stein-Säckingen, 1270; reconstruction de 1570 à 1630

Avec ses 290 m de long, c'est le plus important des ponts de bois en Europe, et un chef-d'œuvre en son genre. Sept fermes en arbalète avec contre-fiches intégrées dans les parois bordant la voie supportent l'ouvrage.

14

Bridge over the Rhine at Stein-Säckingen, 1270; new construction 1570–1630

With a length of 290 m (951 ft) it is the most important roofed bridge and a masterpiece of 16th century bridge construction. The roadway is carried by seven composite truss frames in the side walls.

Ansicht, Maßstab 1:1000, typisches Tragwerk der Brücke, Maßstab 1:400.

Elévation. Echelle 1:1000. Elément porteur typique. Echelle 1:400.

Elevation, scale 1:1000, typical bridge truss, scale 1:400.

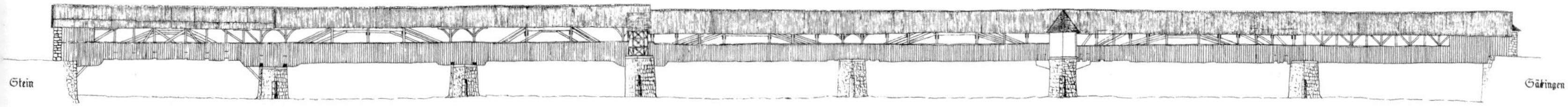

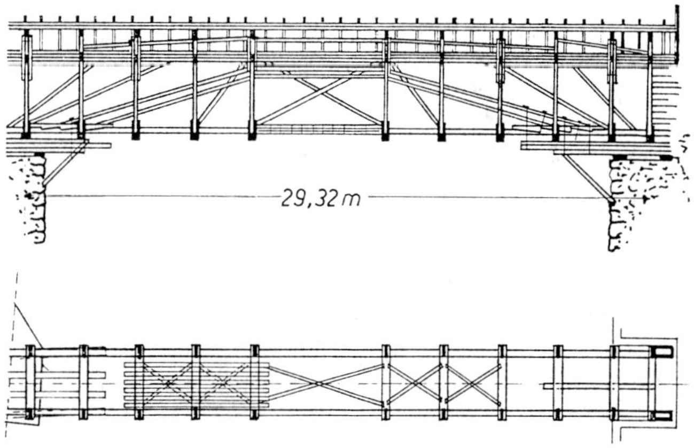

Das aargauische Stein; auf der deutschen Seite Säckingen mit seinem zweitürmigen Münster.

A droite, Stein, en Argovie. A gauche, Säckingen avec son église à deux tours, en Allemagne.

On the right Stein in Aargau; on the German side Säckingen with its two-towered cathedral.

Fahrbahnbreite 3,8 m beim Stadtausgang, Verbreiterung bis zu 5 m beim fünften Pfeiler und beim Schweizer Ausgang 3,4 m.

Largeur de la chaussée: 3,8 m à l'entrée du pont côté ville, jusqu'à 5 m près du cinquième pilier et 3,4 m à la sortie côté Suisse.

Width of roadway 3.8 m (12.5 ft) at town exit, broadening to 5 m (16.4 ft) at the fifth pier, and diminishing again to 3.4 m (11.2 ft) at the Swiss exit.

106

Sechs Steinpfeiler tragen die vom Laufenburger Brückenmeister Blasius Balteschwiler 1810 erneuerte Brücke.

Six piliers en maçonnerie portent le pont rénové en 1810 par le maître-charpentier Blasius Balteschwiler, de Laufenburg.

Six stone piers carry the bridge which was renovated in 1810 by the Laufenburg bridge builder Blasius Balteschwiler.

15
Rheinbrücke Diessenhofen TG, Neubau 1814–1818
Mitten durch den Rhein und durch die gedeckte Holzbrücke, die heute noch dem öffentlichen Verkehr dient, geht die Landesgrenze zwischen der Schweiz und der Bundesrepublik Deutschland.

15
Pont sur le Rhin à Diessenhofen TG, reconstruction de 1814 à 1818
La frontière entre la Suisse et l'Allemagne suit le milieu du Rhin et coupe en deux ce pont de bois couvert qui est encore ouvert au trafic.

15
Bridge over the Rhine at Diessenhofen TG, new construction 1814–1818
The frontier between the Federal Republic of Germany and Switzerland passes through the middle of the Rhine and through the roofed timber bridge, which is still used for public traffic.

Grundriss und Längsschnitt, Maßstab 1:400.

Plan et coupe longitudinale. Echelle 1:400.

Plan and longitudinal section, scale 1:400.

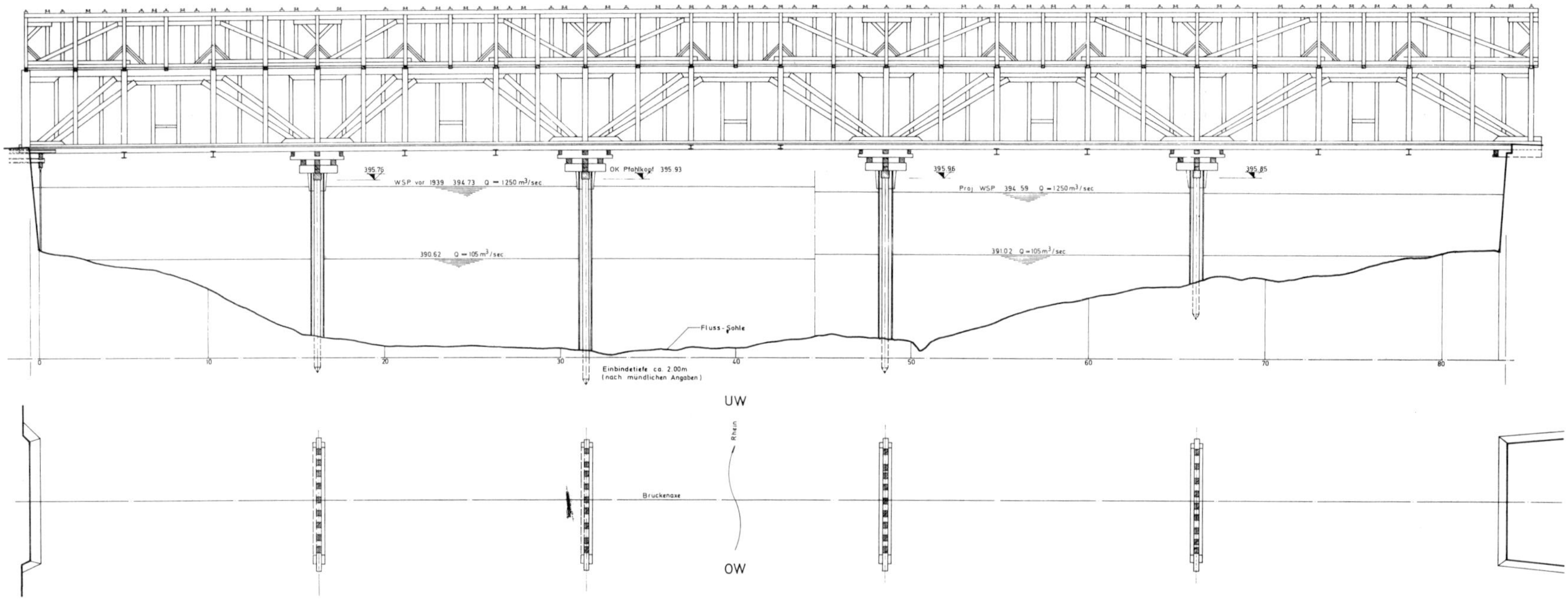

Die Westseite der verschindelten Brücke mit dem altertümlichen Städtchen.

Face ouest du pont recouvert de bardeaux et vieille ville.

The west side of the shingled bridge with the ancient township.

Einspurig befahrbar mit beidseitigem Gehsteig.

Voie carossable à sens unique avec deux trottoirs.

Single-lane traffic with a footwalk on either side.

Länderverbindende, befahrbare Brücke mit dem gegenüberliegenden deutschen Gailingen.

Pont carossable entre deux pays. De l'autre côté du pont, Gailingen, en Allemagne.

Traffic-carrying bridge connecting Switzerland with Gailingen on the German side.

>
Holzgitterträgersystem für grosse Öffnung und hohe Belastung. System mit Diagonalen an Gurten angeschlossen.

>
Système porteur en treillis pour grande ouverture et charges très élevées. Diagonales fixées aux membrures.

>
Wood lattice system for large spans and heavy loads. System with diagonal struts attached to the chords.

Bretterverschalte Seitenwände sind auf der Wetterseite zusätzlich mit Schindeln belegt.

Les parois de planches sont en outre recouvertes de bardeaux du côté battu par la pluie.

Weatherboarded side walls are also covered with shingles on the weather side.

16
Rheinbrücke Haag SG–Bendern (FL), Ende 19. Jh.
Howesche Trägerbrücken in der Rheinebene vom Bodensee bis Chur waren seit 1866 stark verbreitet. Das diagonal gekreuzte Fachwerk ist durch lotrechte Zugstangen gesichert. Die Brücke ist auf neun markanten Pfahljochen aufgebaut.

16
Pont sur le Rhin à Haag SG–Bendern (FL), fin du XIXe siècle
Système Howe, fréquemment utilisé le long du Rhin entre Coire et le lac de Constance après 1866. Les planches diagonales sont serrées par des tirants verticaux. Le pont est construit sur neuf pilotis imposants.

16
Bridge over the Rhine at Haag SG–Bendern (FL), late 19th century
Howe truss bridges were widely used in the Rhine plain from the Lake of Constance to Chur from 1866 onwards. The diagonal latticework is secured with vertical tension rods. The bridge is carried on nine prominent pile trestles.

Fragmente der früheren Holzbrücke nach amerikanischer Art mit preiswerten Howeschen Trägern mit vertikalen Gurtenstangen. Der Amerikaner W. Howe entwickelte Fachwerke mit eisernen Hängestangen um 1840.

Fragments de l'ancien pont de bois, manière américaine. Supports Howe, légers et avantageux, avec tirants verticaux. Inventé par W. Howe vers 1840.

Fragments of the earlier timber bridge on the American model with inexpensive Howe trusses with vertical rails. The American W. Howe developed trusses with iron suspension rods, about 1840.

17
Fragmente der ehemaligen Rheinbrücke Kriessern SG–Mäder (A), Ende 19. Jh.
Beispiel einer Gitterwand der Townschen Lattenbrücke.
Das Townsche Gitterfachwerk wurde 1820 von Ithiel Town patentiert.

17
Pont de Kriessern SG–Mäder (A), fin du XIXe siècle
Exemple d'une paroi en treillis (pont Town).
Poutre avec âme de planches croisées. Brevet déposé par Ithiel Town en 1820.

17
Fragments of the previous Rhine bridge at Kriessern SG–Mäder (A), late 19th century
Example of a wall of a Town lattice bridge.
The Town lattice truss was patented in 1820 by Ithiel Town.

Aarebrücken
116–127

Ponts sur l'Aar
116–127

Aar bridges
116–127

Die grossen, überdachten Aarebrücken zeichnen sich allgemein durch gediegene Arbeit, sehr starke Bohlen im Innern sowie durch eine Ziegeldeckung aus.

Les grands ponts couverts sur l'Aar sont particulièrement résistants et bien construits. Caractéristiques: forts madriers à l'intérieur et toit couvert de tuiles.

The large roofed Aar bridges are generally characterized by solid workmanship, very thick planks inside, and a tiled roof.

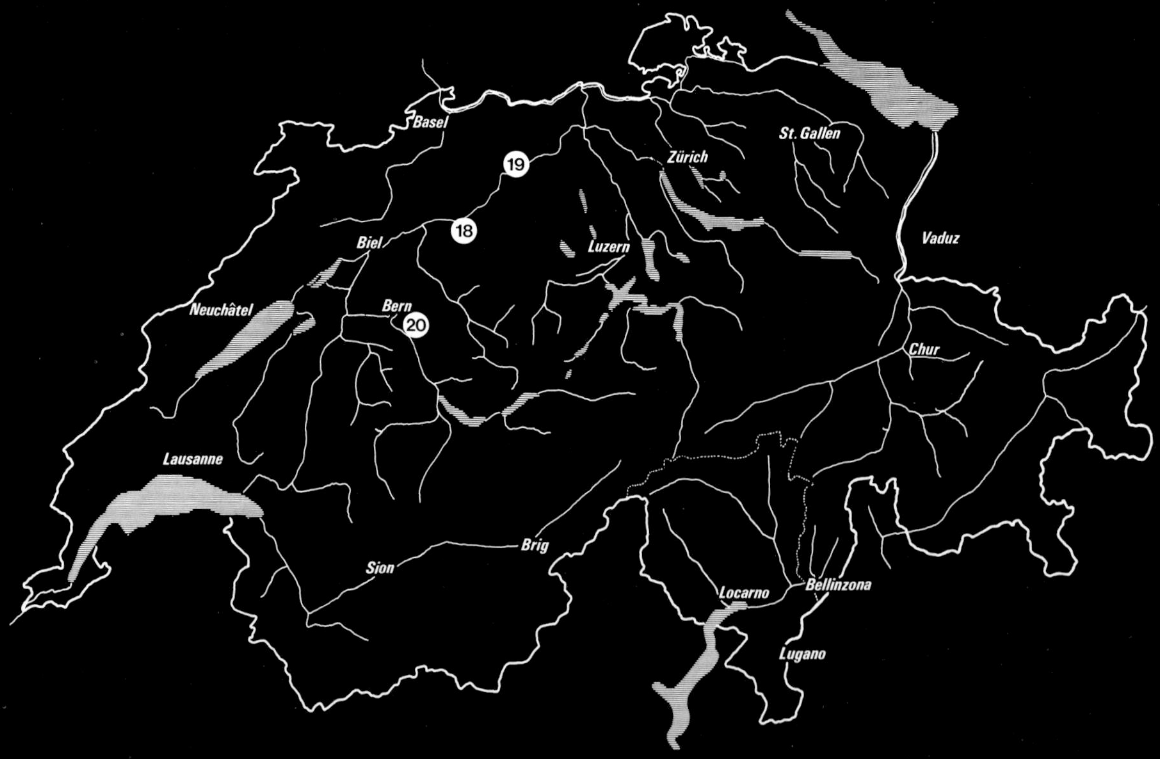

18
Aarebrücke in Wangen a. A. BE, 1549–1552
Die Tragkonstruktion besteht aus einem massiven Dreieckhängewerk. Durch einen neuen Sprengwerkeinbau unter der Fahrbahn 1934 sowie die neuen Pfeiler und die Fahrbahnverstärkung 1967 wurde ermöglicht, dass heute noch die Brücke den Schwerverkehr aufnehmen kann.

18
Pont sur l'Aar à Wangen BE, 1549 à 1552
Massives fermes portantes en forme de triangle. Grâce à l'adjonction d'un nouvel ouvrage à contre-fiches sous le tablier en 1934, à de nouveaux piliers et à la consolidation de la voie en 1967, ce pont peut même être emprunté par les camions.

18
Bridge over the Aar at Wangen BE, 1549–1552
The supporting structure takes the form of a massive triangular hanging truss. A new A-frame was built under the roadway in 1934 and this, together with new piers and the roadway reinforcement added in 1967, enables the bridge to carry heavy traffic today.

>
Die Wangenbrücke erinnert an das Berner Bauernhaus.
Holzbrücke mit fünf Spreng- und Hängewerken von 17 und 21 m Spannweite.

>
Le pont de Wangen fait penser aux fermes de l'Emmental.
Pont de bois avec cinq fermes en arbalète et à contre-fiches, de 17 m à 21 m de portée chacune.

>
The bridge at Wangen recalls the Bernese farmhouse.
Wooden bridge with five composite frame trusses with spans of 17 m (56 ft) and 21 m (69 ft).

Dachkonstruktion mit sich wiederholendem Hängewerk.

Construction du toit avec fermes en arbalète qui se répètent.

Roof structure with repeated hanging trusses.

Das 400jährige Hängewerk ist in den Öffnungen sichtbar.

L'ouvrage porteur, vieux de 400 ans, est visible dans les ouvertures.

The 400-year-old hanging trusses can be seen in the apertures.

19
Aarebrücke in Olten SO, 1803/04
Die gedeckte Stadtbrücke wurde mehrmals von Hochwasser oder Eisgang weggerissen. Nach dem Wiederaufbau waren nur geringfügige Erneuerungen nötig. Heute dient die Brücke den Fussgängern.

19
Pont sur l'Aar à Olten SO, 1803/04
Le pont de Olten fut emporté à plusieurs reprises par les crues de l'Aar. Après sa reconstruction, il n'a plus nécessité que quelques petites réparations. Aujourd'hui, il est réservé aux piétons.

19
Bridge over the Aar at Olten SO, 1803/04
The covered town bridge was torn away several times by floods and ice. Only very minor renewals were required when the bridge was reconstructed. Today the bridge serves pedestrians.

Pfahljoch mit Diagonalaussteigung.

Des broches assurent la rigidité des pilotis.

Pile trestle with diagonal bracing.

Die Brücke von knapp 77,5 m Länge ist von Blasius Balteschwiler gebaut.

77,5 m d'ouverture entre les culées du pont construit par Blasius Balteschwiler.

The bridge is 77.5 m (254 ft) long and was built by Blasius Balteschwiler.

20
Hunzikenbrücke bei Belp, 1838

Infolge des Autobahnbaus wurde das bestehende Bauwerk in fünfmonatiger Arbeit unter Verwendung des alten Materials 4 km stromabwärts zur Ersetzung eines Fährbetriebs in Auguetsbrügg neu aufgebaut.

Ansicht, Längsschnitt, Querschnitt, Grundriss Balkenlage, Maßstab 1:400.

20
Hunzikenbrücke près de Belp, 1838

Remplacé par le pont de l'autoroute, ce pont devenu inutile a été démonté soigneusement et reconstruit 4 km en amont, où il a remplacé le bac de l'Auguet. L'opération aura nécessité cinq mois de travail. Presque toutes les pièces de l'ancien pont ont pu être remployées.

Elévation, coupe longitudinale, coupe transversale, plan des poutres du sommier. Echelle 1:400.

20
Hunzikenbrücke near Belp, 1838

The construction of a motorway required the existing structure to be removed 4 km downstream to replace a ferry at Auguetsbrügg. The old material was used and the work took five months to complete.

Elevation, longitudinal section, cross section, plan system of beams, scale 1:400.

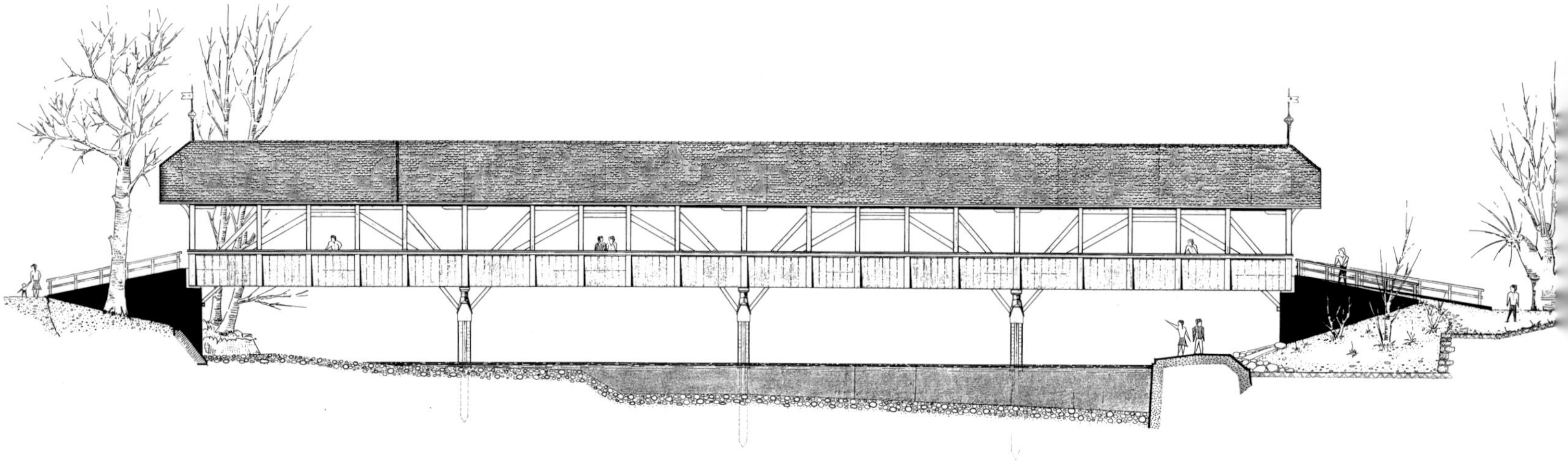

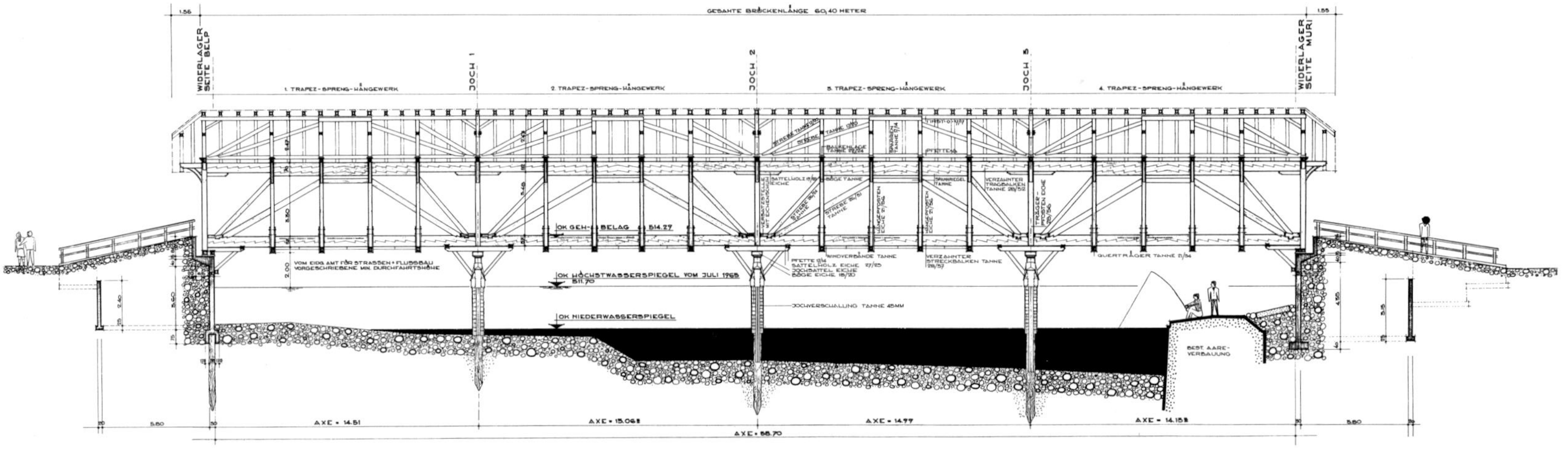

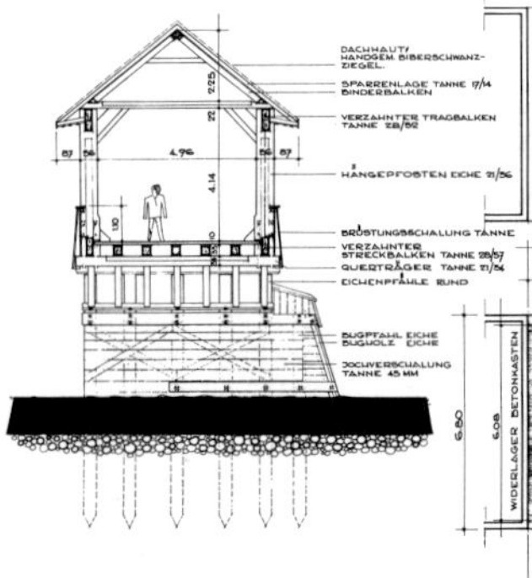

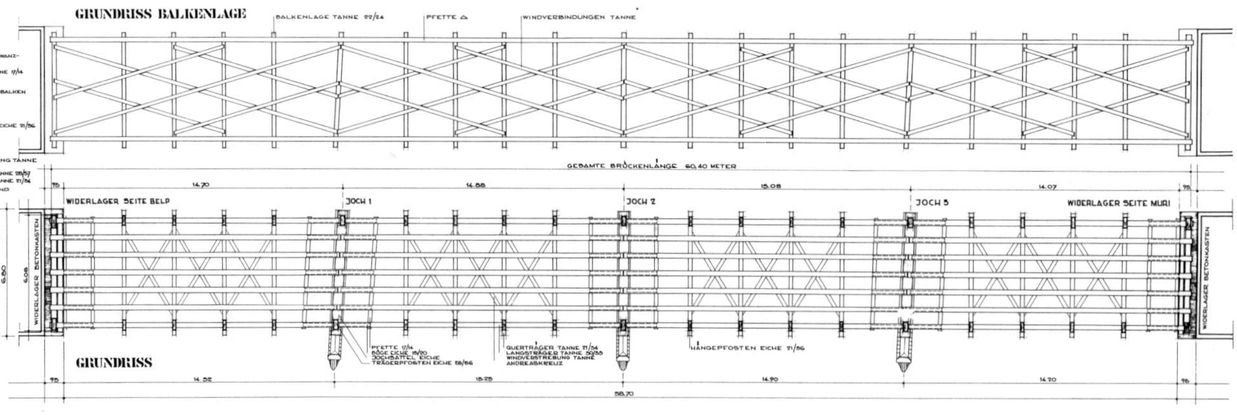

Die Brücke, im Zuge des Autobahnbaus flussabwärts versetzt, steht heute in Auguetsbrügg. Mit Brettern verschalte Joche.

La Hunzikenbrücke a été déplacée en aval après que le nouveau pont de béton l'eut remplacée dans sa fonction. Pilotis revêtu de planches.

The Hunzikenbrücke was re-erected downstream when the motorway was built. Piers clad in boards.

>
Vier Spreng- und Hängewerke bestimmen die 60 m lange Jochbrücke.

>
Quatre travées et des fermes en arbalète et à contre-fiches. Longueur totale: 60 m.

>
Four composite truss frames make up the pile bridge, which is 60 m (197 ft) in length.

Schlankes, von Ingenieuren berechnetes Tragwerk. Hölzerne Dachstuhlkonstruktion auch im Brückenbau.

Appareil porteur élancé, calculé par l'ingénieur. La charpente de combles sert aussi pour les ponts.

Slender supporting structure designed by engineers. The technique of assembling wooden roof structures is also found in bridge building.

Saanebrücken
128–139

Ponts sur la Sarine
128–139

Sarine bridges
128–139

Als besonders schöne historische Holzbrücken in der Schweiz gelten die Saaneübergänge in Gümmenen, und hauptsächlich gehört heute noch der hübsche Pont de Berne zum Fribourger Altstadtbild.

Le pont sur la Sarine à Gümmenen passe pour être l'un des plus beaux de Suisse, de même que le pont de Berne à Fribourg, qui s'intègre si bien dans le cadre de la vieille ville.

The wooden bridges over the Sarine (Saane) at Gümmenen are held to be particularly fine examples of this historical genre. The pretty Pont de Berne still forms part of the scene in the old town of Fribourg.

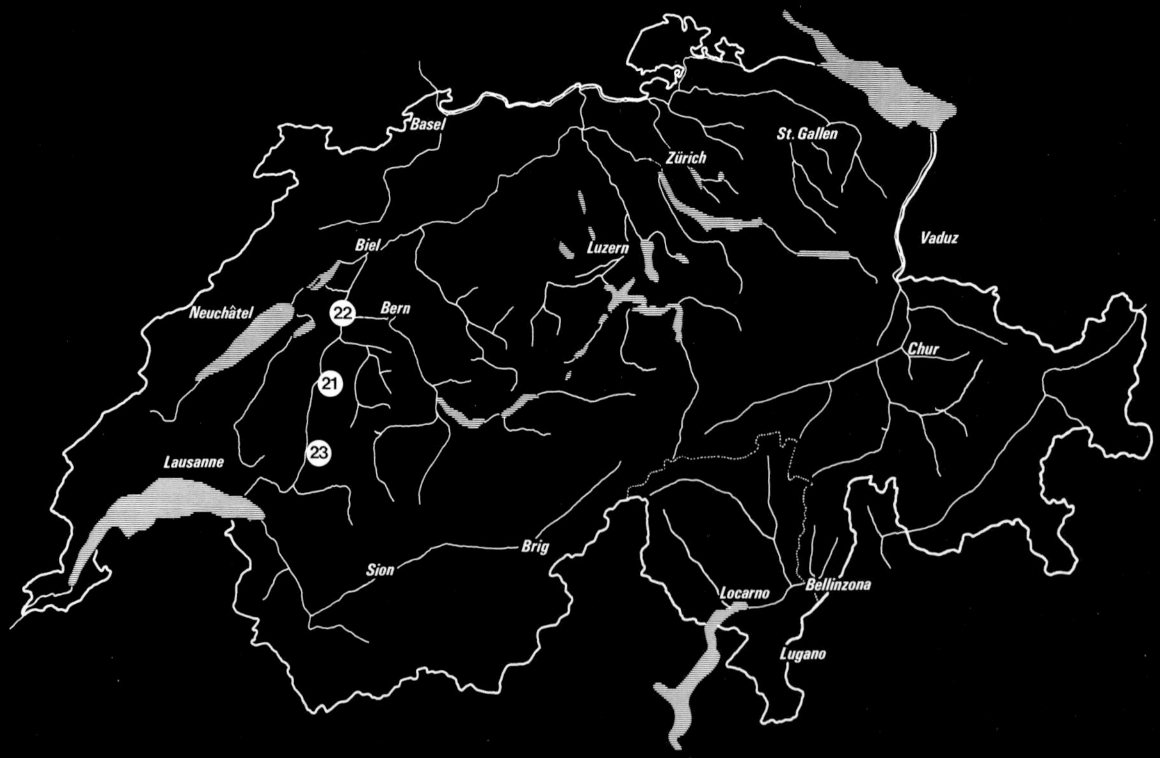

21
Pont de Berne in Fribourg, 1653
Die in das Ortsbild integrierte Brücke dient heute noch dem Durchgangsverkehr. Das Fachwerk im Innern wird als Teilkonstruktion, etwa in der Funktion einer Versteifung, angewendet.

21
Pont de Berne à Fribourg, 1653
Ce pont, particulièrement bien intégré dans son contexte architectural, est encore ouvert à la circulation. La construction intérieure en pan-de-bois sert à rendre l'ensemble plus rigide.

21
Pont de Berne in Fribourg, 1653
The bridge, which is integrated with the townscape, still carries through traffic. The framework inside serves to brace the structure of which it forms part.

Längsschnitt und Grundriss, Maßstab 1:400.

Coupe longitudinale et plan. Echelle 1:400.

Longitudinal section and plan, scale 1:400.

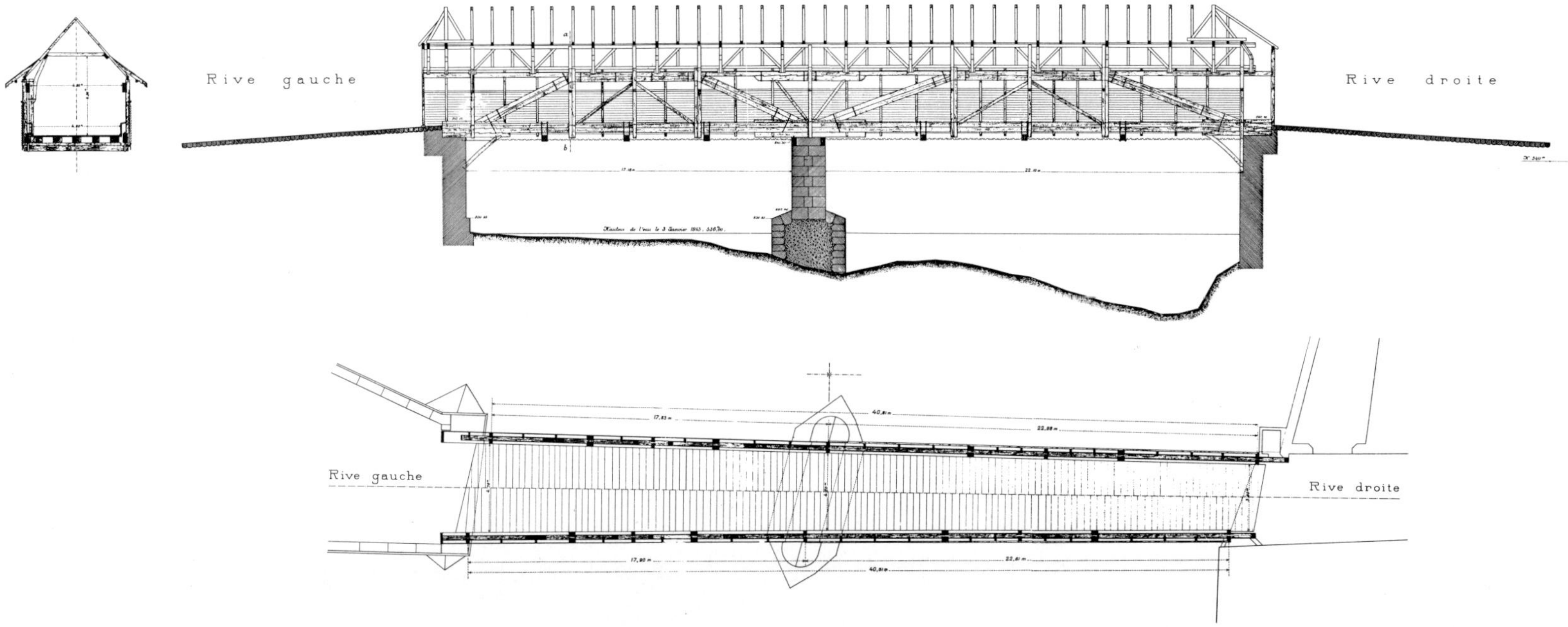

Im Schutz des Daches hält das Holz durch Jahrhunderte.

Protégé par le toit, le bois tient pendant des siècles.

Protected by the roof, the wood will last centuries.

Die Brücke am Altstadtbereich, die heute noch dem Fahrverkehr dient.

Le pont, qui dessert la vieille ville, est aujourd'hui encore emprunté par les voitures.

The bridge still carries traffic to the old part of the town.

Das grosse Dach schützt die kräftige Sprengwerkkonstruktion.

Le grand toit protège la forte construction à contre-fiches.

The spreading roof protects the sturdy trussed construction.

Die Saanebrücke mit der neuen Bogenbrücke hoch über dem Tal.

Le pont sur la Sarine et le nouveau viaduc.

The bridge over the Sarine with the new arched bridge high above the valley.

22
Saanebrücke von Gümmenen BE, 1555
Die aus starken Bohlen hergestellte Holzbrücke mit Ziegeldach wurde 1901 renoviert.

Kurze Steinpfeiler mit vorgebauten Auflagekanzeln.

22
Pont sur la Sarine à Gümmenen BE, 1555
Ce pont de bois fait de forts madriers et couvert de tuiles a été rénové en 1901.

Des piliers en pierre et en bois.

22
Bridge over the Sarine at Gümmenen BE, 1555
The timber bridge, which is constructed of stout planks and covered by a tiled roof, was renovated in 1901.

Short stone piers with projecting supporting structures.

>
Neben der gedeckten Holzbrücke ist heute eine Betonbrücke.

>
A côté du pont de bois se dresse à présent un pont de béton.

>
A concrete bridge has now been constructed near the covered wooden bridge.

Unter dem «massiven Berner Walmdach» fügen sich Dachstreben und Bögen zu einem Gewölbe.

Sous le massif toit en croupe boîteuse rappelant les fermes de l'Emmental, arbalétriers et arcs s'unissent pour former une voûte.

The roof struts and arches form a vault under the solid Bernese hipped roof.

23
Saanebrücke bei Gruyère FR, 19. Jh.
Im Mittelpunkt einer kleinen Landschaft dient heute die gedeckte Holzbrücke dem Fussgängerverkehr. Durch die Verwitterung ist die Verschalung silbergrau gefärbt.
Zum Schutz gegen Nässe und Schnee mit Schindeln dicht verschalt, nur winzige Lichtfenster.

23
Pont sur la Sarine près de Gruyère FR, XIXe siècle
Ce pont couvert est comme placé au centre du paysage. Il n'est plus emprunté que par les piétons. Le bois exposé aux intempéries est devenu gris argenté.
Contre l'humidité et la neige, un revêtement de bardeaux et des fenêtres toutes petites.

23
Bridge over the Sarine at Gruyère FR, 19th century
The roofed timber bridge forms the focal point of a small rural district and still carries pedestrian traffic. The cladding has been weathered to silver grey.
To keep out wet and snow the bridge is well clad with shingles, leaving only narrow windows for lighting.

Mit übereinanderliegenden Balken gebildetes Element, gefasst durch Zapfenpfosten, an denen die Fahrbahn aufgehängt ist.

Un élément fait de poutres posées les unes sur les autres. Le tablier est suspendu aux poinçons moisants.

Elements composed of baulks set one over the other and fitted with posts from which the roadway is suspended.

Emmental BE
140–155

Im Kanton Bern, besonders im Gebiet des Emmentals, war man durch den grossen Holzbestand immer «brückenfreudig». Die schönste noch bestehende Holzbrücke ist die Bogenholzbrücke von Hasle-Rüegsau, im Wintersei 1957/58 neu aufgestellt. Die im 19. Jahrhundert erbaute Brücke überspannt die Emme in einer Weite von 60 m.

Emmental BE
140–155

On a toujours construit beaucoup de ponts de bois dans l'Emmental, les forêts avoisinantes fournissant abondamment la matière première. Le plus bel exemplaire restant est le pont à arcs de Hasle-Rüegsau dans le Wintersei. Reconstruit en 1957/58. Portée de ce pont du XIXe siècle: 60 m.

Emmental BE
140–155

Because of its abundant timber the canton of Berne, particularly the region of Emmental, was always keen on bridge building. The most beautiful of the still surviving timber bridges is the arched wooden bridge of Hasle-Rüegsau which was re-erected in the Wintersei 1957/58. The bridge, which was built in the 19th century, spans the Emme over a distance of 60 m (196 ft).

24
Moosbrücke in Langnau, 1797

Im Jahre 1974 wurde die ehemalige Strassenbrücke von Langnau über die Ilfis versetzt und aussen vollkommen neu verschalt.

24
Moosbrücke à Langnau, 1797

En 1974, l'ancien pont routier de Langnau a été déplacé et reconstruit sur l'Ilfis, et son revêtement entièrement refait.

24
Moosbrücke at Langnau, 1797

In 1974 the former road bridge of Langnau was removed to the Ilfis and its weatherboarding was completely renewed.

Längs- und Querschnitt, Maßstab 1:200.

Coupes longitudinale et transversale. Echelle 1:200.

Longitudinal and cross section, scale 1:200.

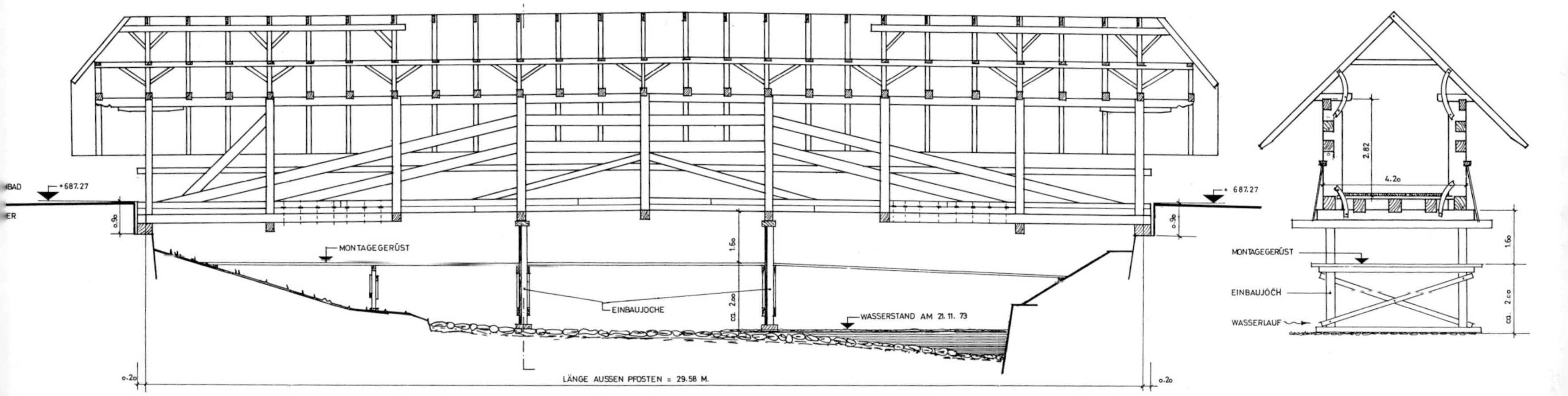

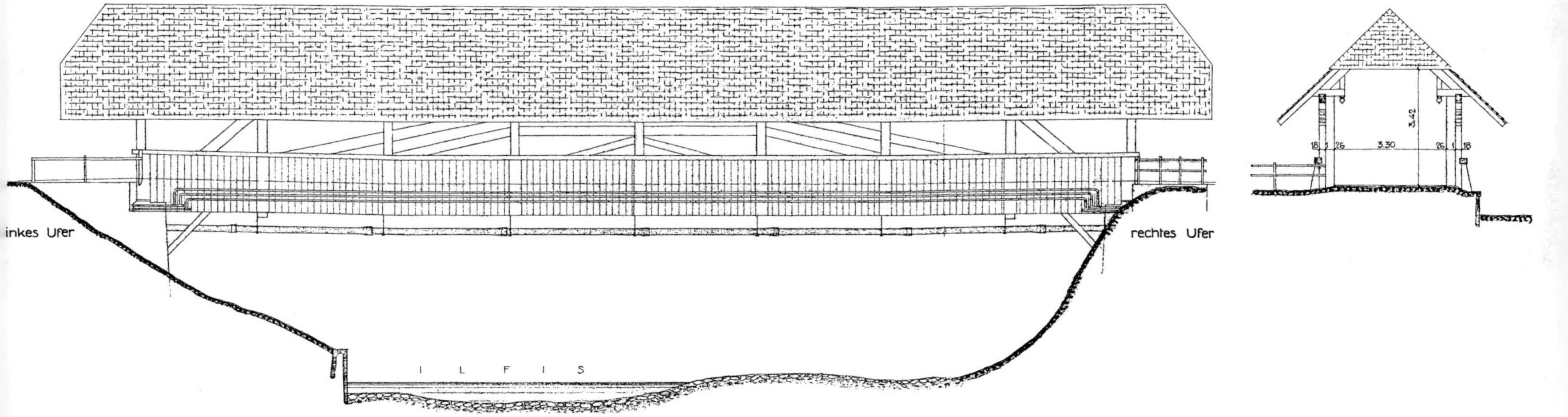

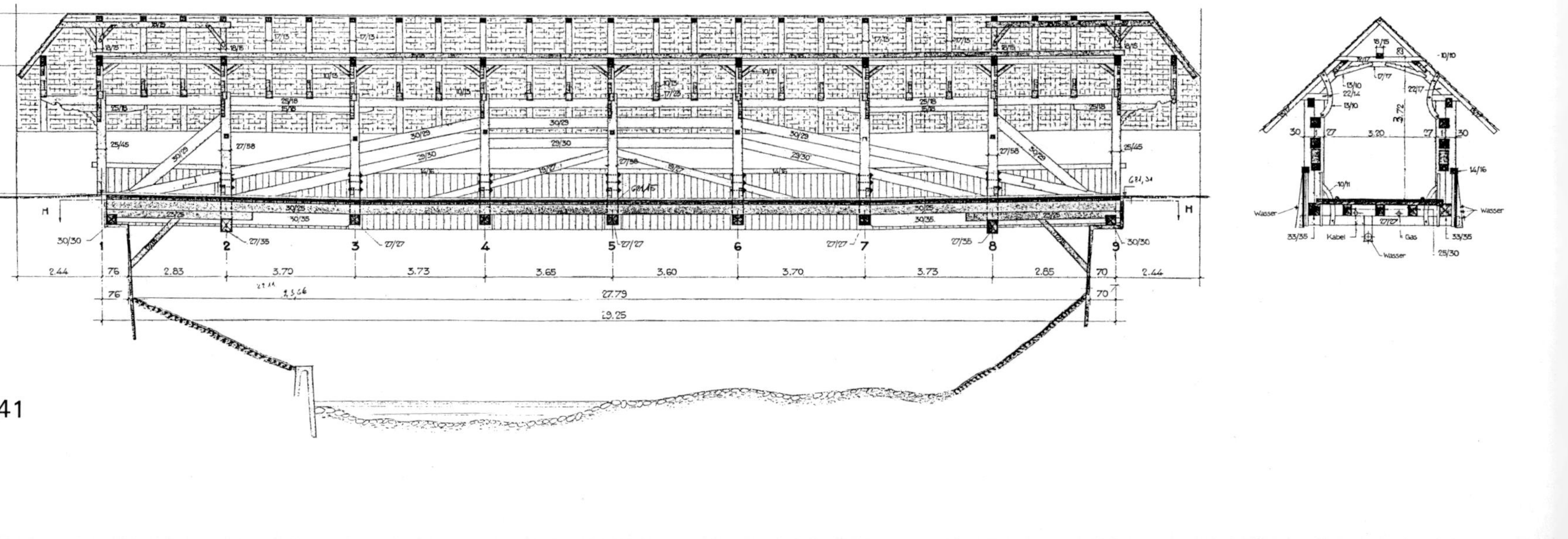

Innen nach dem Vorbild eines Bernischen Walmdaches geschaffen.

Charpente réalisée d'après le modèle d'un toit en croupe boîteuse de l'Emmental.

Inside designed on the model of a Bernese hipped roof.

Unterer Windverband mit gekreuzten Balken.

Contreventement inférieur avec poutres croisées.

Lower wind bracing with intersecting beams.

Bauwerk von 54 m Länge mit verbretterter Verschalung.

Un édifice de 54 m de longueur garni de planches.

Structure 54 m (177 ft) in length with weatherboarding.

144

25
Schüpbachbrücke, 1839
Die beiden Bogen aus verzahnten Balken tragen sowohl die Fahrbahn als auch das Dach. Noch dient dieses Konstruktionssystem (seit 1936 verstärkt) dem Strassenverkehr.

25
Pont sur l'Emme à Schüpbach, 1839
Les deux arcs faits de poutres endentées portent et la voie et le toit. Encore ouvert au trafic (consolidé et renforcé en 1936).

25
Bridge over the Emme at Schüpbach, 1839
The two arches of indented baulks carry the roadway as well as the roof. This construction system (reinforced since 1936) still takes road traffic.

Leicht geschwungene Dachlinie.

Ligne du toit légèrement arquée.

Slightly curved roof line.

26
Hasle-Rüegsau-Brücke bei Wintersei, 1839
Die grosse, vollständig verschalte Brükke ist gegen den Winddruck durch ein doppeltes System von Andreaskreuzen, mit denen die beiden Tragsysteme verbunden sind, gesichert.

Ansicht und Längsschnitt, 1:400.

26
Pont de Hasle-Rüegsau près de Wintersei, 1839
Un système de doubles croix de Saint-André reliant les deux appareils porteurs assure le pont et lui permet de résister à la pression latérale du vent.

Elévation et coupe longitudinale, 1:400.

26
Hasle-Rüegsau bridge near Wintersei, 1839
This large, completely weatherboarded bridge is secured against wind pressure by a double system of diagonal struts with which the two supporting systems are connected.

Longitudinal and cross section, scale 1:400.

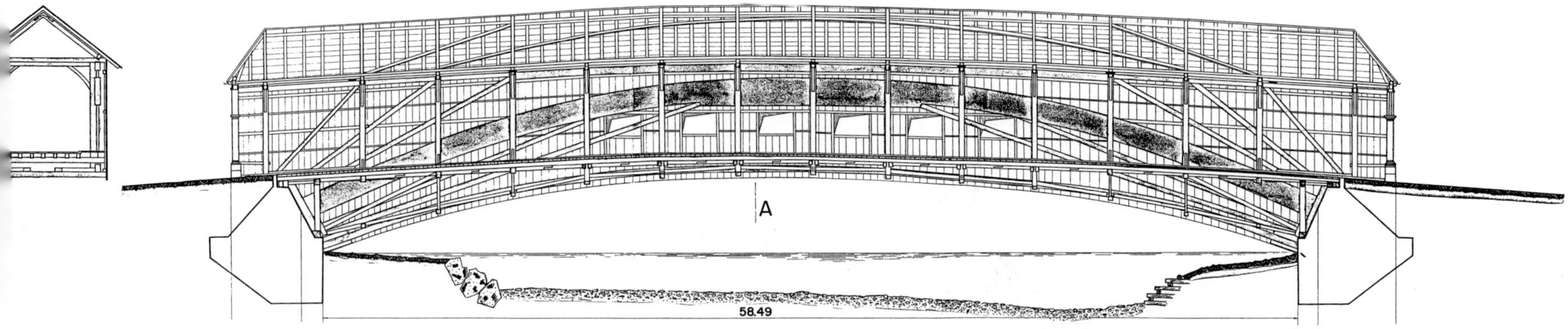

Fahrbahnlänge 68,7 m, Holzbogenspannung 58 m, in der Mitte 7 m über Wasserlauf.

Longueur de la voie 68,7 m; portée de l'arc 58 m; au milieu 7 m au-dessus de l'eau.

Length of roadway 68.7 m (225 ft), span of wooden arch 58 m (190 ft), 7 m (23 ft) above the water at the centre.

Konstruktion durch Dach und Verschalung vor Regen und Schnee geschützt.

Construction protégée contre la pluie et la neige par le toit et les revêtements latéraux.

Weatherboarding protects the structure from rain and snow.

Konstruktion eines doppelten Andreaskreuzsystems, verbunden mit den beiden Tragbogen.

Construction en double croix de Saint-André reliée aux deux arcs porteurs.

Construction of a double diagonal strut system combined with the two supporting arches.

27
Schwandbachbrücke nahe bei Wasen, 19. Jh.
Auffallend ist der sogenannte Flugbund beim Brückeneingang. Die gleiche Konstruktion finden wir am Berner Bauernhaus. Gefüge und Verzierungen weisen auf hochstehende Zimmermannsarbeit hin.

27
Schwandbachbrücke près de Wasen, XIXe siècle
Très beau portail en arc, semblable à celui des fermes bernoises. Assemblage et décorations dénotent un travail de charpenterie de haute qualité.

27
Schwandbachbrücke near Wasen, 19th century
The corbelled overhang of the roof at the entrance to the bridge is a striking feature. The same construction can be seen in Bernese farmhouses. The joints and decoration testify to the skill of the carpenters.

Eine kleine, in die Umgebung eingebettete Brücke von technisch-künstlerischer Prägung.

Blotti dans la verdure, un petit pont à caractère à la fois technique et artistique.

A small bridge displaying technical artistry and set harmoniously in its surroundings.

Dachbedeckung aus Holzschindeln.
Einpassung der Holzbrücke in die Landschaft.

Couvert de bardeaux.
Le pont s'inscrit dans le paysage.

Roofing of shingles.
The timber bridge fits snugly into the landscape.

Zimmermannsarbeiten des Dachstuhls weisen Ähnlichkeiten mit dem Hausbau auf.

La construction de la charpente du toit du pont ressemble à celle du toit d'une maison.

Roof carpentry shows similarities to house building.

Simmental BE
156–159

Der grösste Teil der gedeckten Holzbrücken stammt aus dem 19. Jahrhundert. Viele sind einfache Holzbrücken mit einer Verschalung.

Simmental BE
156–159

La plupart des ponts couverts datent du XIXe siècle. Beaucoup sont de simples ponts en bois avec un revêtement.

Simmental BE
156–159

The majority of the covered timber bridges date from the 19th century. Many of these structures are simple wooden bridges with weatherboarding.

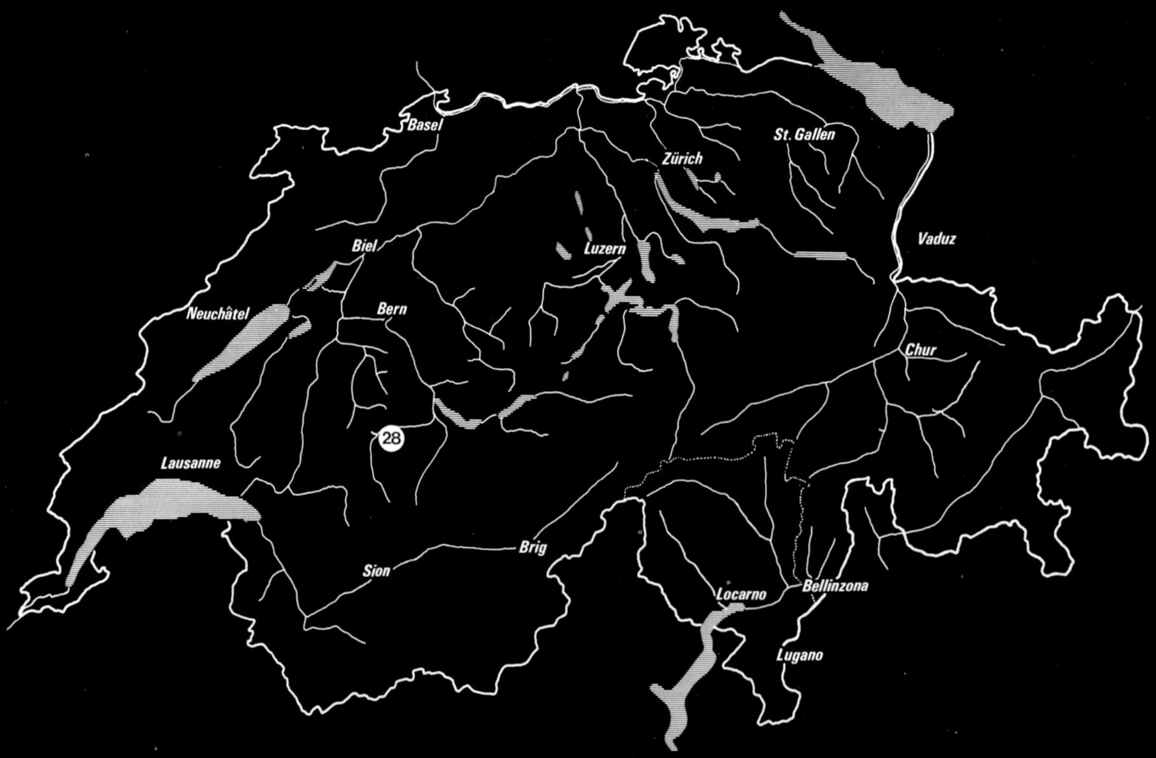

28
Mattenbrücke bei Boltigen BE, 1981
Bei Boltigen im Simmental musste eine Brücke über die Simme ersetzt werden. Der neue Simmenübergang wurde in der traditionellen Zimmermannstechnik ausgeführt (Ing. Peter Ramu).
Noch besitzt die Brücke ihre frische honiggelbe Naturfarbe.

28
Mattenbrücke près de Boltigen BE, 1981
Près de Boltigen, dans le Simmental, il fallait remplacer un pont. Le nouvel ouvrage a été réalisé en utilisant la technique traditionnelle des charpentiers du pays (ing. Peter Ramu).
Le pont possède encore sa couleur jaune miel naturelle.

28
Mattenbrücke near Boltigen BE, 1981
A bridge over the Simme had to be replaced in the Simmental near Boltigen. The new bridge was built in the traditional style of the old carpenters (engineer Peter Ramu).
The bridge still retains its original honey-yellow colour.

Oberer Windverband mit gekreuzten Balken. Filigranartig zeichnen sich die Balken von der Dachkonstruktion ab.

Contreventement supérieur avec poutres croisées. Les poutres du toit dessinent comme un filigrane.

Upper wind bracing with intersecting beams. The beams of the roof structure are like a filigree.

Hochwertige laminierte Holzbogenkonstruktion auch heute noch.

La construction de l'arc en bois lamellé-collé se distingue aujourd'hui encore par sa haute qualité.

Laminated wooden arch construction which retains its quality even today.

Unterengadin GR
160–177

Basse-Engadine GR
160–177

Lower Engadine GR
160–177

Einfache Fachwerkbrücken finden wir vielfach im Bündnerland, am Flusslauf des Inns. Besonders in der Alpenregion fügen sich die Holzbrücken in die Landschaft ein, in der sie optimal zur Geltung kommen.

On trouve de nombreux ponts de bois sur l'Inn. Ce sont de simples constructions en pan-de-bois. Le cadre alpestre les met tout particulièrement en valeur.

There are a large number of simple lattice bridges over the Inn River in the Grisons. Particularly in the Alpine regions these timber bridges show to supreme advantage in the wooded mountain landscape.

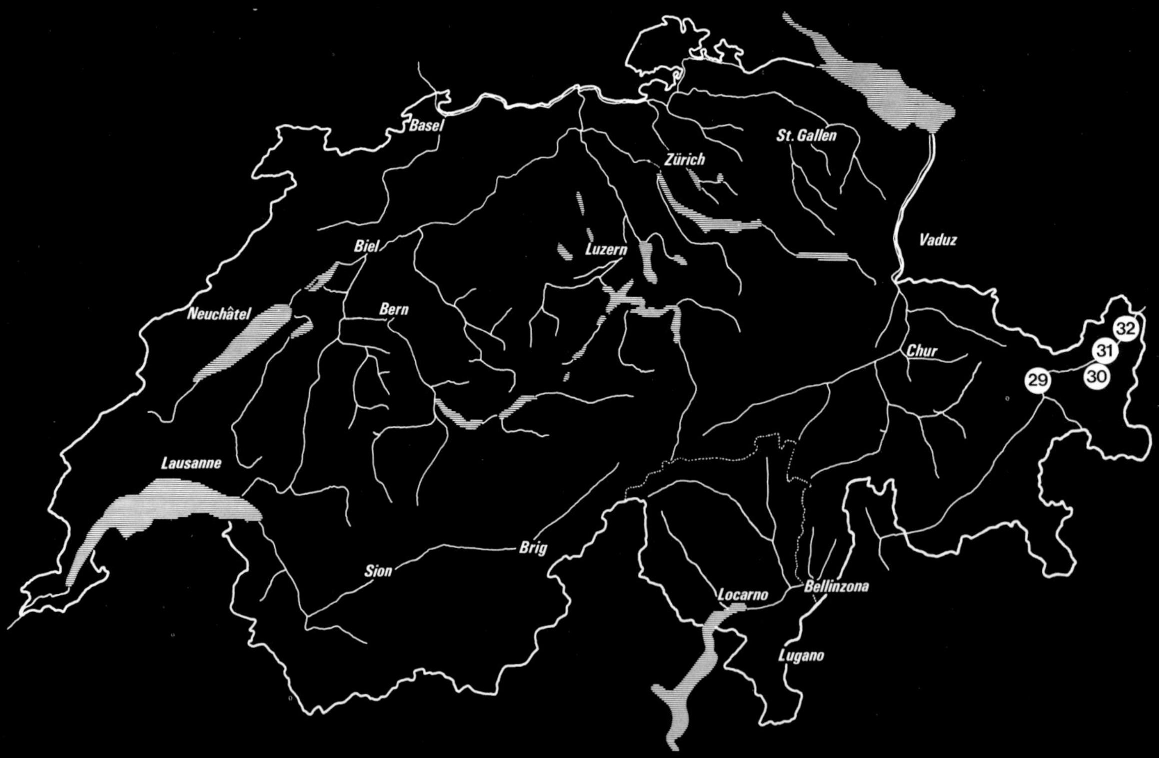

29
Innbrücke Susch (nach Sandogna), 19. Jh.
Die Holzbrücke von Susch nach Sandogna liegt am Fusse des Flüelapasses. Das Fachwerk ist in massive Streckbalkensysteme eingespannt.

29
Pont sur l'Inn à Susch (en direction de Sandogna), XIXe siècle
Le pont se trouve entre Susch et Sandogna, au pied du col de la Flüela. Le revêtement en pan-de-bois est inséré dans un système porteur fait de poutres massives.

29
Bridge over the Inn at Susch (to Sandogna), 19th century
The wooden bridge from Susch to Sandogna is at the foot of the Flüela Pass. The lattice is fixed in sturdy baulk systems.

Typische Unterengadiner Holzbrücke bei Ruis, 1836, Grundriss, Längs- und Querschnitt, Maßstab 1:200.

Pont typique de la Basse-Engadine, près de Ruis, 1836. Plan, coupes longitudinale et transversale. Echelle 1:200.

Typical Lower Engadine wooden bridge at Ruis, 1836, plan, longitudinal and cross section, scale 1:200.

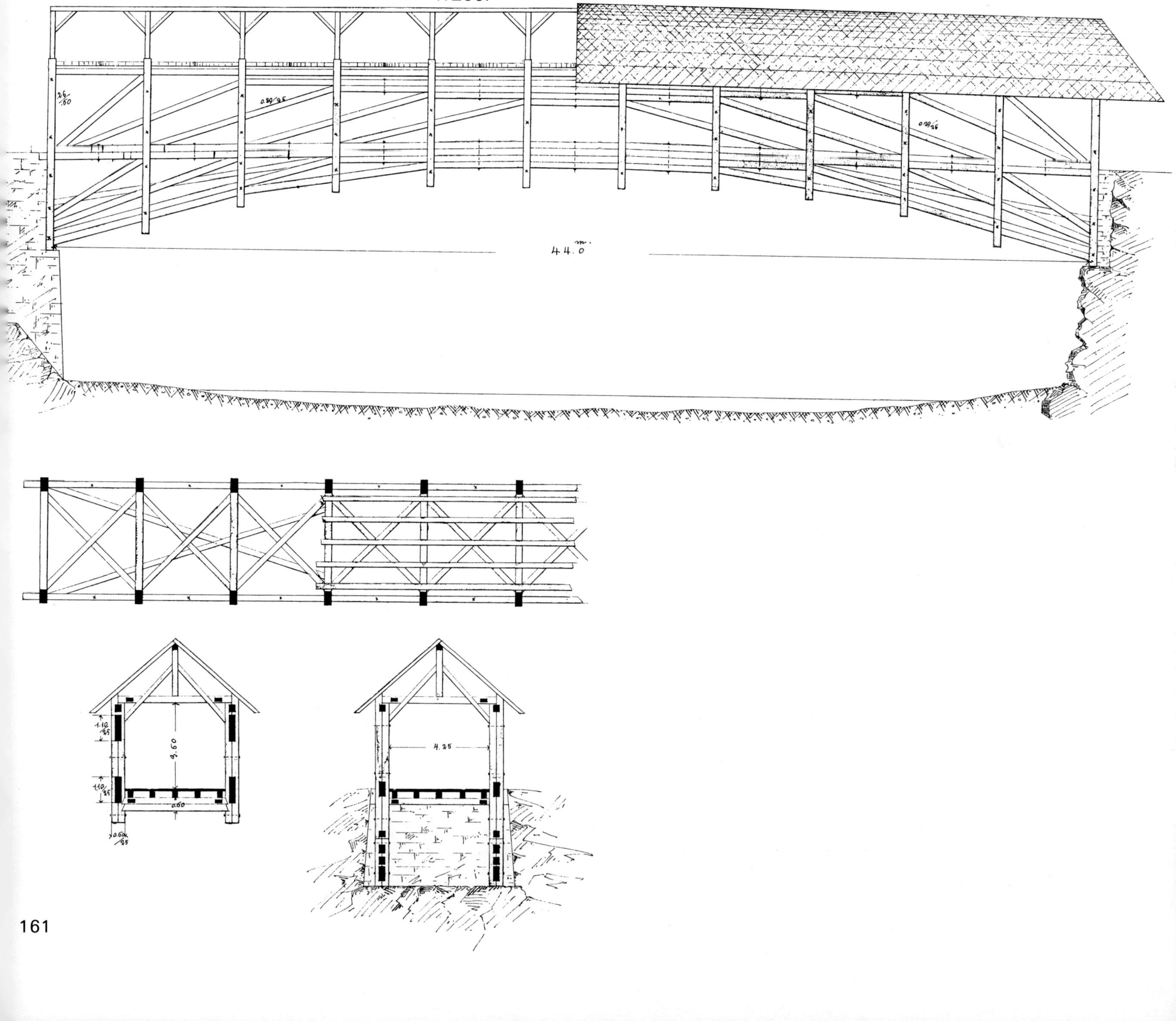

Ein festes Dach und die vollständig verschalten Seitenwände schützen die Holzkonstruktion vor Witterung und Fäulnis.

Un toit solide et des parois entièrement revêtues de planches protègent la charpente contre les intempéries et l'empêchent de pourrir.

A solid roof and the completely weatherboarded side walls protect the timber construction from weather and rot.

Die «Holzkiste» im Spannungsfeld des Fluss- und Landschaftsbildes.

Un contraste plein de tension: la «caisse en bois» à l'intersection du fleuve et du paysage.

The 'wooden box' set in the fluvial landscape.

30
Innbrücke Scuol (nach S-charl), 19. Jh.
Unten im Dorf, auf der Strasse nach S-charl, in die Dorfsilhouette eingepasst, liegt die verschalte Fachwerkbrücke.

30
Pont sur l'Inn à Scuol (en direction de S-charl), XIXe siècle
Au bas du village, sur la route de S-charl, se dresse la silhouette du pont revêtu de pan-de-bois.

30
Bridge over the Inn at Scuol–S-charl, 19th century
The weatherboarded trussed bridge is located in the lower part of the village on the road to S-charl and fits into the silhouette of the village.

Zu den wichtigsten gemeinnützigen Bauten gehören die eingeschalten Holzbrücken.

Les ponts de bois couverts comptent parmi les bâtiments d'utilité publique les plus importants.

Boarded wood bridges are among the most important structures benefiting the community.

Inneres Fachwerk mit Zugstangen.

Treillis intérieur avec tirants.

Internal structural framework with tension rods.

Zusammenspiel zwischen geschichtlich gewachsenem Bauwerk und der umgebenden Natur.

Le jeu de l'ouvrage d'architecture né de l'histoire avec la nature.

Man-made structures that have grown with history join in an aesthetic give-and-take with nature.

31

Innbrücke Sent–Sur En, 1868

Ein massiver Felsblock dient der Brücke als Zwischenstütze und bildet den Beziehungspunkt zum Bauwerk.

31

Pont sur l'Inn à Sent–Sur En, 1868

Un bloc de rocher sert d'appui intermédiaire. Il relie en quelque sorte l'ouvrage à son contexte.

31

Bridge over the Inn at Sent–Sur En, 1868

A solid block of rock provides an intermediate support for the bridge and ties the structure into the landscape.

Längsschnitt 1:400, Querschnitt 1:200.

Coupe longitudinale 1:400, coupe transversale 1:200.

Longitudinal section 1:400, cross section 1:200.

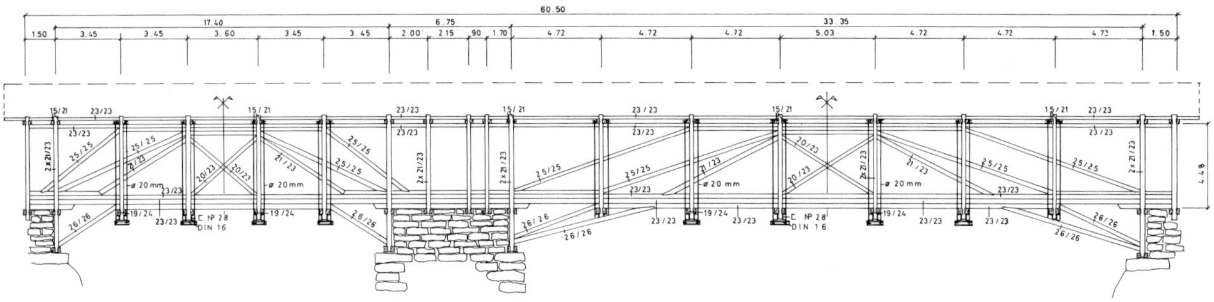

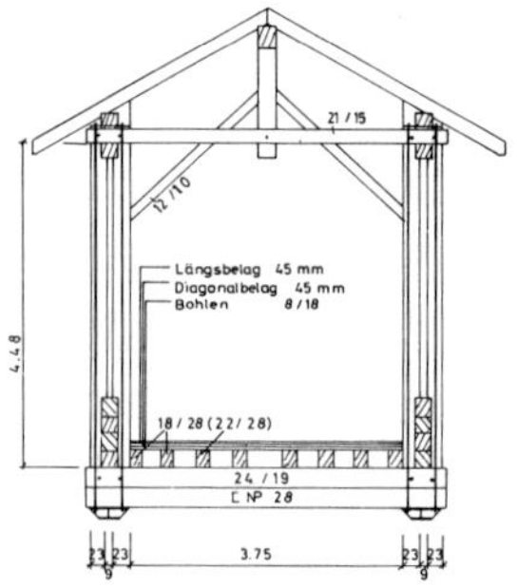

Kühn in die Landschaft eingefügte Holzbrücke.

Audacieusement posé dans la nature.

A wooden bridge boldly set in the landscape.

>
Vertikale der verbretterten Verschalung im Zusammenspiel mit dem Fels des Flusses.

>
Les verticales du revêtement en planches et les pierres de la rivière.

>
Vertical elements in the weatherboard cladding contrast with the river rock.

Brückeneingang mit verzierten Brettern.

Portail du pont avec planches taillées à jours.

Bridge entrance with decorated planks.

Die Felsbank dient als Stütze.

Le rocher sert d'appui.

The rock serves as a support.

Reich dimensioniertes Balkenwerk im Innern.

Poutraison bien proportionnée.

Generously dimensioned beams in the internal structure.

32
Finstermünzbrücke unterhalb Vinadi
Eine heute nicht mehr im Betrieb stehende Zollbrücke nach dem österreichischen Finstermünz. Wasserlauf, Waldgruppe und Bauwerk als geschlossene Einheit.

32
Pont de Finstermünz, en-dessous de Vinadi, XIVe siècle
Ce pont, un ancien poste frontière sur la route de Vinadi, n'est plus en service. Rivière, arbres et construction forment une belle unité.

32
Finstermünz bridge below Vinadi
A toll bridge to Finstermünz in Austria. It is no longer in use. The river, the group of trees and the structure form an integral whole.

Horizontale Holzbrücke über dem tief in der Schlucht dahinströmenden Inn.

Pont jeté horizontalement sur la gorge de l'Inn.

Horizontal wooden bridge spanning the Inn River in the gorge below.

Alter Wachturm und offener hölzerner Übergang bilden die Landesgrenze zwischen Graubünden und Tirol.

Une vieille tour de garde et un pont de bois non couvert à la frontière entre les Grisons et le Tyrol.

An old watchtower and an open timber bridge form the frontier between the Grisons and the Tyrol.

>
Gedeckte Holzbrücken sind mit der traditionsbewussten Volksarchitektur verwandt.

>
Les ponts de bois couverts sont apparentés à l'architecture populaire consciente de ses traditions.

>
There is a close link between roofed wooden bridges and traditional vernacular architecture.

Steinbau und Holzbau in elementarer Gestalt.

Construction en pierre et construction en bois sous leurs formes élémentaires.

Elemental structures of stone and wood.

Nachwort

Im Vorspann dieser Veröffentlichung ist von Othmar Birkner dargelegt, was zur Geschichte des Holzbrückenbaus gehört, und mittels Kupferstichen werden die Entwicklungstendenzen der Konstruktionsvorgänge erklärt. Im Hauptteil sind 32 Beispiele, eine Auswahl der noch existierenden und benützten alten Holzbrücken (etwa 154) aus den verschiedenen Regionen in der Schweiz, dargestellt.

Bauwerk und Photographie
Alle Objekte wurden vom Verfasser photographiert und auf folgende Grundelemente ausgerichtet: Eingliederung der Brücken in die Landschaft (Wasser und Bauwerk) und Einbeziehung der Vergatterung im Raumkörper (Konstruktion und Masse). Auch die Planzeichnungen sind wegen ihrer klaren Darstellungsmöglichkeiten miteinbezogen.

Hinweis und Dank
Der Birkhäuser Verlag war bei der Beschaffung des Materials aktiv beteiligt. Ich danke allen voran dem Typografiker A. Gomm sowie den Herren H.J. Bender, H.J. Pfeiffer, H.P. Thür und dem Verleger C. Einsele. Der Photograph Walter Grunder besorgte mir die Vergrösserungen für die Herstellung der Lithographien. Dank gehört weiter den Ämtern der Denkmalpflege der Kantone Aargau, Appenzell, Bern, Graubünden, Fribourg, Luzern, Solothurn, St. Gallen, Thurgau, der Eidgenössischen Technischen Hochschule (ETH) in Zürich; dem Eidgenössischen Archiv für Denkmalpflege; dem Bürgermeisteramt der Stadt Bad Säckingen (D); den Tiefbauämtern der Kantone Bern, Fribourg, St. Gallen, Zürich, dem Stadtarchiv Luzern und der Gemeinde Diessenhofen. Dank gehört ferner Diego Giovanoli in Chur sowie Charles von Büren von der Schweizerischen Arbeitsgemeinschaft für das Holz «LIGNUM»; aus den beiden Beiträgen «Holzbrücken in der Schweiz», Heimatschutz, Heft 1 (1973), von Dr. Peter Röllin, und «Brückenlandschaft Schweiz» (1978), von I. Siedentop, entnahm ich wertvolle Hinweise und das Verzeichnis der noch erhaltenen, gedeckten Holzbrücken in der Schweiz. Ihnen sei aufs beste gedankt. Schliesslich möchte ich nochmals auf den unerlässlichen Beitrag von Othmar Birkner im Vorspann hinweisen, der viel zum Verständnis der alten Holzbrücken hierzulande beigetragen hat.

Benützte Literatur

Aargauer Brücken, Aargauische Kantonalbank, Aarau 1978.
André Beerli, Zentralschweiz TCS, Genf 1973.
Jos. Killer, Die Werke der Baumeister Grubenmann, Verlag Leemann, Zürich 1941.
Walter Laederach, Berner Holzbrücken, Verlag Paul Haupt, Bern 1944.
Peter Röllin, Holzbrückenbau in der Schweiz, Heimatschutz, Heft 1, Zürich 1973.
Hans Schmocker, Brücken im Emmental, Berner Zeitung, Langnau 1975.
I. Siedentop, Brückenlandschaft Schweiz, Orell-Füssli-Verlag, Zürich 1978.
Eugen Steinmann, Die Kunstdenkmäler des Kantons Appenzell AR, Bände 1 und 2, Birkhäuser Verlag, Basel 1973.

Postface

Le texte introductif de cette publication est un exposé sur l'histoire de la construction des ponts de bois. Othmar Birkner, son auteur, l'a complété avec des planches illustrant l'évolution des processus de construction. La deuxième partie principale de l'ouvrage présente 32 ponts de bois choisis dans toutes les régions de Suisse parmi les 154 encore existants.

Ouvrages d'architecture et photographie
Tous les objets ont été photographiés par l'auteur en tenant compte des éléments suivants: insertion du pont dans le paysage (l'ouvrage et l'eau) et intégration des éléments constitutifs de l'appareil porteur dans le volume global (construction et masse). Les dessins de plans et coupes ont été retenus à cause de la clarté de leurs représentations.

Information et remerciements
La maison d'édition Birkhäuser a participé activement à la collecte du matériel. Je remercie tout particulièrement le typographe A. Gomm, ainsi que messieurs H.J. Bender, H.J. Pfeiffer, H.P. Thür et l'éditeur C. Einsele. Le photographe Walter Grunder s'est chargé de faire les agrandissements pour les lithographies. Je remercie en outre les offices pour la protection des monuments historiques des cantons d'Argovie, Appenzell, Berne, Grisons, Fribourg, Lucerne, Soleure, St-Gall, Thurgovie et l'Ecole Polytechnique Fédérale de Zurich; l'archive fédéral pour la protection des monuments historiques, la mairie de la ville de Bad Säckingen en République fédérale allemande; les services des ponts et chaussées des cantons de Berne, Fribourg, St-Gall et Zurich, ainsi que l'archive de la ville de Lucerne et la commune de Diessenhofen. Merci aussi à Diego Giovanoli, Coire, et à Charles von Büren, du groupe d'étude pour le bois «LIGNUM». Les deux articles de messieurs Peter Röllin, «Holzbrücken in der Schweiz», Heimatschutz, fasc. 1 (1973), et I. Siedentop, «Brückenlandschaft Schweiz» (1978), m'ont fourni des renseignements pré-

cieux ainsi que la liste des ponts couverts encore existants en Suisse. Je les en remercie tout particulièrement. J'aimerais pour finir insister encore une fois sur l'important article introductif de Othmar Birkner, qui contribue si bien à faire comprendre et aimer les vieux ponts de bois dans notre pays.

Ouvrages consultés

Aargauer Brücken, Aargauische Kantonalbank, Aarau 1978.
André Beerli, Zentralschweiz TCS, Genève 1973.
Jos. Killer, Die Werke der Baumeister Grubenmann, Verlag Leemann, Zurich 1941.
Walter Laederach, Berner Holzbrücken, Verlag Paul Haupt, Berne 1944.
Peter Röllin, Holzbrückenbau in der Schweiz, Heimatschutz, Heft 1, Zurich 1973.
Hans Schmocker, Brücken im Emmental, Berner Zeitung, Langnau 1975.
I. Siedentop, Brückenlandschaft Schweiz, Orell-Füssli-Verlag, Zurich 1978.
Eugen Steinmann, Die Kunstdenkmäler des Kantons Appenzell AR, tomes 1 et 2, Birkhäuser Verlag, Bâle 1973.

In the introduction to this work Othmar Birkner has sketched the history of the wooden bridge and has used old prints to explain the trends in the development of this type of structure. The main section contains 32 examples, representing a selection from the surviving timber bridges (about 154 in all) still in use in the various parts of Switzerland.

Construction and photography
All the structures were photographed by the author with a view to featuring the following basic characteristics: Integration of the bridges into the landscape (water and structure) and incorporation of the assemblage of members into the general relationship of the masses and volumes (design and dimensions). The plans are also included because of the clarity of their presentation.

Target groups
The work is addressed to architects and those interested in architecture as well as to those who are engaged in building or training for a career in construction. The structure of timber bridges is already part of the general background of our architectural history.

Acknowledgments and thanks
The Birkhäuser Verlag has also played an active part in procuring material. I should like to thank in particular the typographer Albert Gomm, and also Messrs Hans-Joachim Bender, Hans-Joachim Pfeiffer, and Hans-Peter Thür with a special word of thanks to Carl Einsele, the head of the firm. The photographer Walter Grunder obtained the enlargements for making the lithos. I should also like to express my appreciation to the Office for the Preservation of Monuments of the cantons of Aargau, Appenzell, Berne, Grisons, Fribourg, Lucerne, Solothurn, St Gall, Thurgau and also to the Swiss Federal Institute of Technology in Zurich; to the Federal Archive for the Preservation of Monuments; to the Archive of the City of Lucerne; to the Commune of Diessenhofen; to the Town Hall of Bad Säckingen (FRG); and to the Civil Engineer's Office of the cantons of Berne, Fribourg, St Gall and Zurich. My thanks are also due to Diego Giovanoli, Chur, and to Charles von Büren of 'LIGNUM' (the Swiss Timber Association). From the two articles 'Holzbrückenbau in der Schweiz', Heimatschutz, fasc. 1 (1973), by Dr. Peter Röllin, and 'Brückenlandschaft Schweiz' (1978) from I. Siedentop I obtained valuable information and also the list of the covered timber bridges still extant in Switzerland. My sincere thanks are due to them.
Finally I should like to express my gratitude to Othmar Birkner for the indispensable contribution he made to the introduction. He has done much to foster understanding of old wooden bridges in this country. I am also grateful to him for reading through my manuscript.

Literature consulted

Aargauer Brücken, Aargau Cantonal Bank, Aarau 1978.
André Beerli, Zentralschweiz TCS, Geneva 1973.
Jos. Killer, Die Werke der Baumeister Grubenmann, Verlag Leemann, Zurich 1941.
Walter Laederach, Berner Holzbrücken, Verlag Paul Haupt, Berne 1944.
Peter Röllin, Holzbrückenbau in der Schweiz, Heimatschutz, fasc. 1, Zurich 1973.
Hans Schmocker, Brücken im Emmental, Berner Zeitung, Langnau 1975.
I. Siedentop, Brückenlandschaft Schweiz, Orell-Füssli-Verlag, Zurich 1978.
Eugen Steinmann, Die Kunstdenkmäler des Kantons Appenzell AR, vols 1 and 2, Birkhäuser Verlag, Basle 1973.

Verzeichnis der 154 noch erhaltenen gedeckten Holzbrücken in der Schweiz

Entnommen aus einer Zusammenstellung von Dr. Peter Röllin, «Holzbrückenbau in der Schweiz», Liz.-Arbeit, Heimatschutz, Heft 1 (1973), die keinen Anspruch auf Vollständigkeit hat, sowie aus einer Publikation von I. Siedentop, «Brückenlandschaft Schweiz» (1978).

Liste des 154 ponts de bois couverts qui subsistent en Suisse

Tiré de la liste (qui ne prétend pas être complète) de Peter Röllin, «Holzbrückenbau in der Schweiz», travail de licence, Heimatschutz, fasc. 1 (1973), ainsi que d'une publication de I. Siedentop, «Brückenlandschaft Schweiz» (1978).

Aa	ZH	Uster
Aabach	SG	Neuhaus—Eschenbach
	SG	Schmerikon
Aare	BE	Thun, Scherzligenschleuse
	BE	Belp, Hunzikenbrücke
	BE	Neubrugg bei Bern
	BE	Schützenbrücke
	BE	Aarberg
	BE	Büren an der Aare, Bürenbrücke
	BE	Wangen an der Aare
	AG	Murgenthal
	SO	Olten
Albula	GR	Alvaneu-Bad
Belfortettobel	GR	Brienz—Lantsch—Alvaneu
Biberze	BE	Rüti bei Rüeggisberg, Schwandbrücken 1 und 2
	BE	Rüschegg-Graben, Längeneybrücke
Birs	BE	Zwingen
	BL	Münchenstein
	BL	Münchenstein—Neue Welt
Churzenei	BE	Wasen, Schwandbachbrücke
Drance, La	VS	Martigny—La Bâtiaz
Egga (Tobel)	GR	Malix—Churwalden
Emme (Grosse)	BE	Büetschli—Ammenmatt
	BE	Schangnau, Mühlibrücke
	BE	Eggiwil, Sorbachbrücke
	BE	Dieboldswil—Neuhof (Dieboldswiler Brücke)
	BE	Horbenbrücke
	BE	Aeschau
	BE	Schüpbach, Emmenbrücke, Bubeneibrücke
	BE	Lützelflüh (Gohlhausbrücke)
	BE	Hasle-Rüegsau, Wintersei
	BE	Burgdorf, Wynigenbrücke
Emme (Kleine)	LU	Hasler-Brücke
	LU	Maltersbrücke
	LU	Wolhusener Brücke
	LU	Werthensteiner Brücke bei Ruswil
Engelberger Aa	NW	Wolfenschiessen, Stegmatt
	NW	Buochs, Fadenbrücke
Entlen	LU	Entlebucher Brücke
Ergolz	BL	Augst
Fundogn	GR	Donath (Casti—Clugin)
Gadmerbach	BE	Innertkirchen, Unterwasserbrücke
Genggbach	BE	Hergiswalder Brücke
Glatt	ZH	Schwamendingen, Aubrücke
	ZH	Oberglatt, Rümlangbrücke
Glogn	GR	Vigens—Surcasti
Goldach	AR	Rehetobel—Speicher
	AR	Speicherschwendi—Aachmüli
Grüene	BE	In der Mauer
Hinterrhein	GR	Andeer
Inn	GR	Susch
	GR	Lavin
	GR	Schuls
	GR	Sent—Sur En
	GR	Ramosch, Reggiabrücke
	GR	Finstermünz
Ilfis	BE	Trubschachen—Steinbach
	BE	Ramserenbrücke
	BE	Langnau, Moosbrücke
	BE	Emmenmatt—Obermatt, Ilfisbrücke
Kander	BE	Reichenbach (Pfrudmatten—Wurmeren)
	BE	Reichenbach—Wengi
	BE	Reutlen, Rüdlebrügg
Lauibach	OW	Giswil—Grossteil
Limmat	AG	Wettingen
	AG	Baden
	AG	Turgi
Lorze	ZG	Lorzentobel
Lütschine	BE	Matten, Aenderbergbrücke
	BE	Wilderswil, Gsteigbrücke
	BE	Lütschinental, Pfänglibrücke und Stegmattbrücke
Melch-Aa	OW	Flüeli—Melchtal
	OW	Flüeli—Kerns
Muota	SZ	Suwarowbrücke (bei Station Stoos)
	SZ	Brunnen—Wylerbrugg
Necker	SG	Brunnadern
	SG	Mogelsberg—Aachsäge
	SG	Anzenwil
	SG	Lütisburg, Letzibrücke
Reischenbach	GR	Reischen—Zillis
Reuss	LU	Luzern, Kapellbrücke
	LU	Luzern, Spreuerbrücke
	AG	Sins—Cham ZG
	AG	Bremgarten
Rhein	SG	Sevelen—Vaduz (FL)
	SG	Haag—Bendern (FL)
	SG	Kriessern—Mäder (A)
	TG	Diessenhofen—BRD
	ZH	Rheinau—Jestetten (BRD)
	AG	Stein—Säckingen (BRD)
Rhone	VS	Turtmann—Leuk
Rotbach	AR	Obere Lochmühle, Teufen
Rothbach	LU	Rothenburger Brücke
Röthenbach	BE	Eggiwil—Schallenberg (Freudiseibrücke)
	BE	Eggiwil, Dörflibrücke
Ruscheiner Bach	GR	Somvix—Disentis

List of the 154 covered wooden bridges still surviving in Switzerland

Taken from a compilation (for which the compiler makes no claims as to completeness) made by Dr. Peter Röllin for an M.A. dissertation and published in fascicle 1 (1973) of Heimatschutz, 'Holzbrückenbau in der Schweiz', and from a publication by I. Siedentop entitled 'Brückenlandschaft Schweiz' (1978).

Saane	BE	Moosfangsteg bei Gstaad
	BE	Oeyetlisteg bei Saanen
	BE	Gümmenen, Saanebrücke
Sarine, La	FR	Montbovon
	FR	Gruyère
	FR	Fribourg, Pont de Berne
Sapüner Bach	GR	Langwies
Saschielbach	SG	Bad Ragaz
Scherlibach	BE	Niederscherli, Fussgängerbrücke
	BE	Oberscherli, Fussgängerbrücke
Schwarzwasser	BE	Rüschegg-Graben—Rütiplötsch
Sense	FR	Heitenried—Schwarzenburg BE
	BE	Thörishaus—Sensenmatt
	BE	Albligen—Ruchmüli
Sihl	SZ	Etzel, Tüfelsbrugg
	ZH	Sihlbrugg
Simme	BE	Blankenburg, Spitzbrücke
	BE	Blankenburg, Hofbrücke
	BE	Zweisimmen, Lischerenbrücke
	BE	Grubenwald—Laubegg, Lehnbrücke
	BE	Weissenbach
	BE	Boltigen—Aegerti
	BE	Boltigen, Pfaffenriedbrücke
	BE	Oberwil—Tächebüel
	BE	Oberwil—Brüggmatte
	BE	Weissenbach, Simmenbrücke
	BE	Därstetten—Chloster
	BE	Därstetten, Wilerbrücke
	BE	Ringoldingen, Simmenbrücke
Sitter	AI	Appenzell—Mettlen, Untere Lankbrücke
	AI	Schlatt, Obere Lankbrücke
	AR	Haslen, Listbrücke
	AR	Stein—St. Gallen-Haggen (Zweibruggen)
	AR	Beim Kubel—St. Gallen-Bruggen
	SG	Spiseggbrücke
	SG	Wittenbach—Unterlöhren
Spöl	GR	Zernez—Runatsch
Tamina	SG	Vättis—Schüelen
	SG	Vadura—Brunstegg
Thur	SG	Lütisburg
	TG	Eschikofen—Bonau
	ZH	Andelfingenbrücke
Töss	ZH	Sennhof—Kyburgerbrücke
	ZH	Pfungen—Neftenbach
Trubbach	BE	Schachenhausbrücke
	BE	Trubschachen, Oelibrücke
	BE	Sidelenbrücke
Urnäsch	AR	Hundwil, Hundwilertobel-Brücke
	AR	Im Kubel—St. Gallen-Bruggen
Vièze	VS	Monthey—Bex
Vorderrhein	GR	Rueun
Wattbach	AR	Stein—St. Gallen-Haggen, Zweibruggen
Wüstenbach	BE	Oberwil i. S.
Wyssenbach	AR	Schwänberg—Flawil SG
Zulg	BE	Steffisburg, Zulger Brücke
Zungbach	AI	Schlatt, Obere Lankbrücke

Die Schweiz als Brückenland (Swissair-Photo).

La Suisse, pays des ponts.

Switzerland as a country of bridges.

Stadthausquai—Limmatquai

Davos—Filisur

Martigny—Salavan

Bern—Spiez

Rongellen—Zillis

Melide—Arosio

Neuchâtel—Serrières

Brusio—Campascio

Schützenmatt—Lorrainestrasse

Wängi—Wil

Wettingen—Neuenhof

Lavin—Ardez

Visp—Zeneggen

Düdingen—Fribourg

Vevey—Montreux

Genève—Veyrier

Bremgarten—Wohlen

Veytaux—Villeneuve

Solis—Tiefencastel

Andeer—Sufers

Vallorbe—Bretonnières

Wittenbach—Bernhardzell

Wangen—Wiedlisbach

Cinuos-chel—S-chanf

Stauffacher—Selnau

St. Gallen—Herisau

Disentis—Somvix

Clugin—Donath

Eglisau—Hüntwangen

Lavertezzo—Corippo

Mesocco—San Bernardino

Rubigen—Belp

Cinuos-chel—Zernez

Bussnang—Weinfelden

Göschenen—Andermatt

Klosters—Davos

Bazenheid—Bütschwil

Innertkirchen—Unterstock

Goppenstein—Brig

Schifflände—Rheingasse

Rathausquai—Bahnhofstrasse

Bischofszell—Neukirch

St-Ursanne—Glovelier

Serneus—Klosters

Schiers—Schuders

Diessenhofen—Gailingen

Zollikofen—Bern

Amsteg—Wassen

Mägenwil—Hunzenschwil

Simplon Dorf—Domodossola

Läufferplatz—Klösterlistutz

Andermatt—Göschenen

Chur—Arosa

Augst—Diegten

Filisur—Wiesen

Andelfingen—Rheinau

Brig—Goppenstein

Thusis—Zillis

Alvaneu—Filisur

Gondo—Zwischbergenpass

Plan der 32 dargestellten Holzbrücken
Carte des 32 ponts représentés dans cet ouvrage
Map of the 32 wooden bridges presented

Zentralschweiz	1	Kapellbrücke	Aarebrücken	18	Wangen
	2	Spreuerbrücke		19	Olten
	3	Bremgarten		20	Hunzikenbrücke
Ostschweiz	4	Oberglatt	Saanebrücken	21	Pont de Berne
	5	Hundwilertobel		22	Gümmenen
	6	Kubelbrücke		23	Gruyère
	7	Wyssenbachtobel			
	8	Thurbrücke	Emmental	24	Moosbrücke
	9	Spisegg		25	Schüpbachbrücke
	10	Zweibruggen		26	Wintersei
	11	Wannenbrücke		27	Wasen
	12	Listbrücke			
	13	Obere Lochmühle	Simmental	28	Boltigen
Rheinbrücken	14	Stein-Säckingen	Unterengadin	29	Susch
	15	Diessenhofen		30	Scuol
	16	Haag–Bendern		31	Sent–Sur En
	17	Kriessern–Mäder		32	Vinadi

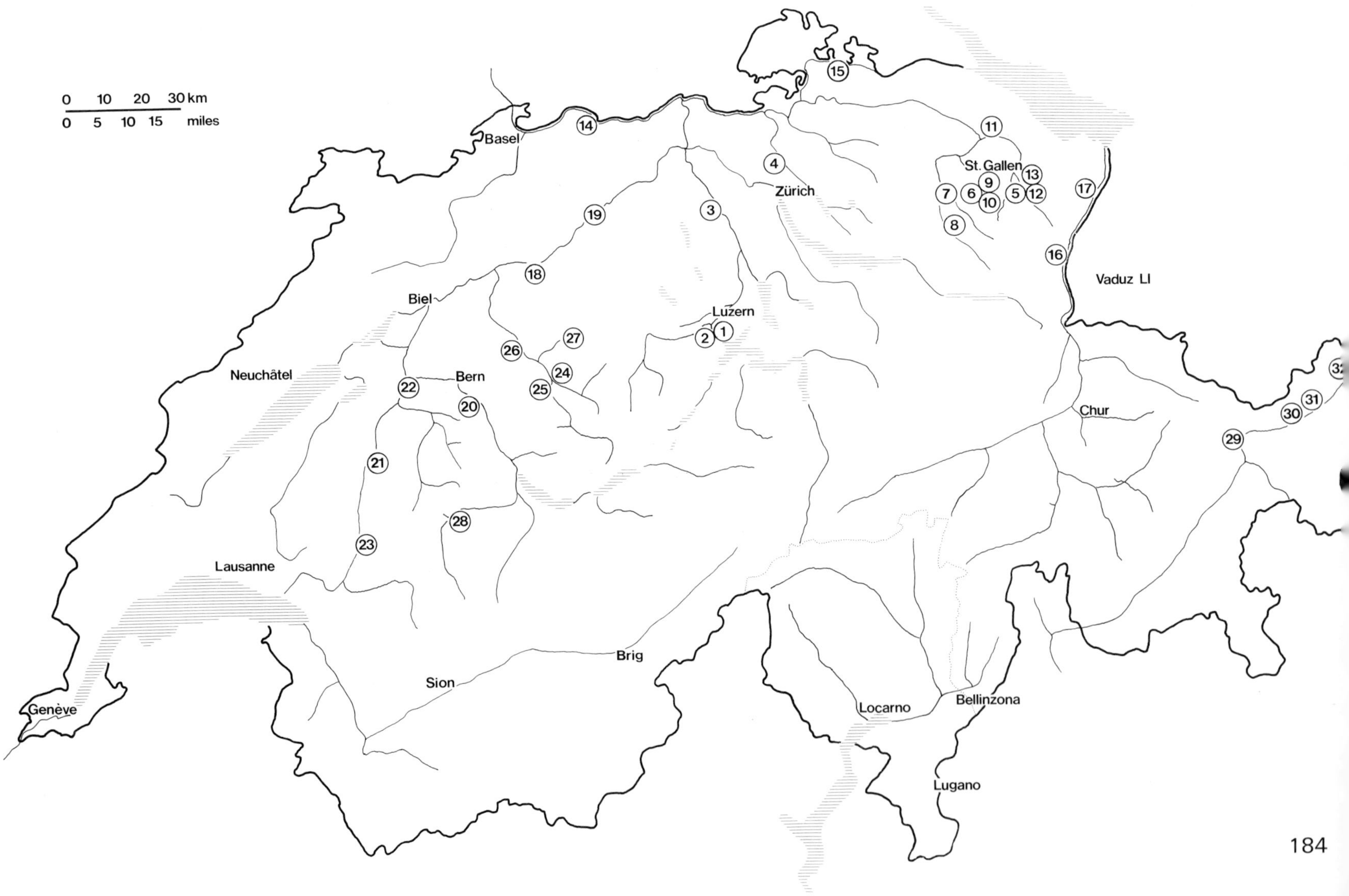